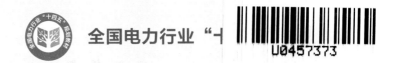

全国电力行业"十四五"规划教材

U0457373

图 论

主　编　黄宝华

副主编　曹向阳　王贺封　佟国功　孙　涛

参　编　雷佳辉　曹　媛　潘文亮　于　成

中国电力出版社
CHINA ELECTRIC POWER PRESS

内 容 提 要

本书包含作者对"图论"学科的深刻理解，清晰地介绍了图论中的基本定理和方法示例，帮助读者提高自身的分析能力并学习如何利用所学知识解决实际问题。

图论是数学的一个分支，主要研究由顶点（或称节点）和边组成的图的结构、性质和算法。图论不仅在纯数学领域有重要的应用价值，在计算机科学、物理、化学、生物学、社会学等领域也发挥着至关重要的作用。

全书共七章，主要内容包括图的基本概念、树、欧拉通路与哈密顿通路、复杂网络分析概述、随机网络和小世界网络、无标度网络、网络中的社团结构等。

本书可作为测绘类、地质类、矿业类、土建类、交通运输类、水利类等专业的测绘课程教材，也可供测绘领域相关专业人员参考使用。

图书在版编目（CIP）数据

图论/黄宝华主编；曹向阳等副主编 . -- 北京：中国电力出版社，2024. 10. -- ISBN 978 - 7 - 5198 - 9193 - 0

Ⅰ. O157.5

中国国家版本馆 CIP 数据核字第 202458PH16 号

出版发行：中国电力出版社
地　　址：北京市东城区北京站西街 19 号（邮政编码 100005）
网　　址：http://www. cepp. sgcc. com. cn
责任编辑：孙　静（010 - 63412542）
责任校对：黄　蓓　于　维
装帧设计：郝晓燕
责任印制：吴　迪

印　　刷：北京锦鸿盛世印刷科技有限公司
版　　次：2024 年 10 月第一版
印　　次：2024 年 10 月北京第一次印刷
开　　本：787 毫米×1092 毫米　16 开本
印　　张：6.5
字　　数：156 千字
定　　价：28.00 元

前　言

　　"图论"起源于一个非常经典的问题——柯尼斯堡问题。1738 年，瑞士数学家欧拉解决了柯尼斯堡问题，由此图论诞生。欧拉也成为图论的创始人。

　　1859 年，英国数学家汉密尔顿发明了一种游戏：在一个规则的实心十二面体的 20 个顶点标出世界著名的 20 个城市，要求游戏者寻找一条沿着各边通过每个顶点刚好一次的闭回路，即"绕行世界"。用图论的语言来说，游戏的目的是在十二面体的图中找出一个生成圈。这个生成圈后来被称为汉密尔顿回路。这个问题后来就称作汉密尔顿问题。由于运筹学、计算机科学和编码理论中的很多问题都可以化为汉密尔顿问题，从而引起广泛的注意和研究。

　　全书共分七章，主要内容包括图的基本概念、树、欧拉通路与哈密顿通路、复杂网络分析概述、随机网络和小世界网络、无标度网络、网络中的社团结构等。书中除对重要部分进行解释外，还通过例题的讲述，使图论的内容变得更加通俗易懂，便于理解和解决。

　　本书可以帮助读者对图论的研究和相关理论的学习，有利于提高其分析问题、解决问题的能力。

　　本书由山东交通学院黄宝华主编，全书编写分工如下：黄宝华编写第 1 章、第 7 章并承担全书的统稿工作；山东交通学院曹向阳编写第 2、3 章；河北工程大学王贺封编写第 4 章；常州市新北自然资源和规划技术保障中心佟国功编写第 5 章；烟台市福山区不动产登记中心孙涛编写第 6 章。雷佳辉、曹媛、潘文亮、于成负责资料搜集和书稿整理工作。本书得到泰山产业领军人才工程项目（tscy 20231229）及山东省自然科学基金青年项目（ZR2022QD146）基于 GIS 和 RS 的土地利用都市化转型时空过程和机理研究基金支持。

　　中国科学院烟台海岸带研究所高志强研究员审阅了全书，提出许多宝贵意见，在此表示衷心的感谢。限于编者水平，书中难免存在不足之处，敬请各位同行及读者批评指正。

编　者

2024 年 7 月

目　　录

第一章　图的基本概念

在汉字中，"图"是一个非常常见的字，它可以代表很多不同的意思，比如"图表""地图""图片"等。这些不同的意思都与"图"字的本意有关，即"画出来的东西"，这也是我们常说的"图画"的意思。

在现代社会中，图的作用非常重要。它可以帮助我们更好地理解和描述各种事物和现象，让复杂的信息变得更加直观和易于理解。图表用于表达统计数据、趋势和比较，常见的有柱状图、折线图、饼图等，这些图表能够直观地展示数据的变化和趋势，更好地分析和理解现象为决策提供依据。地图是一种将地球表面的信息绘制成平面图形的视觉工具，可以用来描述不同地域的地质、地形等情况。地图的作用非常广泛，从军事、地理、经济到旅游、教育等各个领域都有应用。图片是一种可视化的表现形式，可以通过视觉传达信息和情感。图片的应用非常广泛，如广告、新闻、艺术、教育等各个领域，可以让人们更深入地理解和感受各种情况和事件。

数学中的图是指描述数学对象之间关系的图形结构。数学图通常可以用顶点和边来表示，其中顶点表示数学对象，边表示它们之间的关系。例如，一个集合可以表示为一个顶点，两个集合之间有一个边，如果它们有一个公共元素，那么可以使用该边来表示它们之间的关系。

数学图在各个领域都有广泛的应用。在图论中，数学图是研究图的性质和算法的数学分支；在代数学中，图可以表示群论和结构算法；在数值计算中，图可用于表示有限元法，有限差分法等；在计算机科学中，图是图形学，网络和算法设计中的核心概念。

1.1　有向图和无向图

图（Graph）是由顶点集合和顶点间的二元关系集合（即边的集合或弧的集合）组成的数据结构，通常可以用 $G(V, E)$ 来表示。其中顶点集合和边的集合分别用 $V(G)$ 和 $E(G)$ 表示，$V(G)$ 中的顶点（Vertex，Node），用符号 v 表示。顶点个数称为图的阶（Order），通常用字母 n 来表示。例如，当我们说一个图的阶为 n 时，意味着该图有 n 个顶点。$E(G)$ 中的元素称为边（Edge），用符号 e 表示。边的个数称为图的边数（Size），通常用 m 表示。

例如图 1-1（a）所示，图可以表示为 $G(V, E)$。其中顶点集合 $V(G) = \{0, 1, 2, 3, 4, 5, 6\}$，集合中的元素为顶点，用序号代表。在其他图中，顶点集合中的元素也可以是其他标识顶点的符号，如字母 A, B, C 等。图 1-1（a）中边的集合为

$$E = \{(0,1),(0,2),(1,2),(1,3),(1,5),(2,3),(2,4),(3,4),(3,5),(4,5),(4,6),(5,6)\}$$

在上述边的集合中，每个元素 (u, v) 为一对顶点构成的无序对（用圆括号括起来），表示与顶点 u 和 v 相关联的一条无向边，这条边没有特定的方向，因此 (u, v) 与 (v, u) 是同一条的边。如果图中所有的边都没有方向性，这种图称为无向图（Undirected graph）。

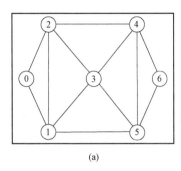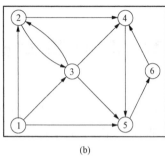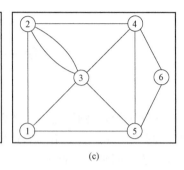

(a)　　　　　　　　　　　　(b)　　　　　　　　　　　(c)

图 1-1　无向图与有向图

如图 1-1（b）所示，图可以表示为 $G(V, E)$，其中顶点集合 $V=\{1, 2, 3, 4, 5, 6\}$，集合中的元素也为顶点的序号，边的集合为

$$E=\{(1,2),(1,3),(1,5),(2,3),(2,4),(3,2),(3,4),(3,5),(4,5),(5,6),(6,4)\}$$

在上述边的集合中，每个元素 (u, v) 为一对顶点构成的有序对，表示从顶点 u 到顶点 v 的有向边（Directed Edge），其中 u 是这条有向边的起始顶点简称起点，v 是这条有向边的终止顶点简称终点，这条边有特定的方向，由 u 指向 v，因此 (u, v) 与 (v, u) 是两条不同的边。例如在图 1-1（b）中，$(2,3)$ 和 $(3,2)$ 就是两条不同的边。如果图中所有的边都是有方向性的，这种图称为有向图（Directed graph），有向图中的边也可以称为弧（Arc），有向图也可以表示成 $D(V, A)$，其中 A 为弧的集合。

有向图的基图（Ground graph）：忽略有向图所有边的方向，得到的无向图称为该有向图的基图，如图 1-1（c）所示为图 1-1（b）中有向图 G 的基图。

1.2　完全图、稀疏图、稠密图

图论算法的复杂度与图中顶点个数 n 或边的数目 m 有关，甚至 m 与 $n\times(n-1)$ 之间的相对关系也会影响图论算法的选择。

完全图（Complete graph），如果无向图中任何一对顶点之间都有一条边，这种无向图称为完全图。在完全图中阶数和边数存在关系式

$$m = n\times(n-1)/2$$

如图 1-2（a）所示的无向图就是完全图。阶为 n 的完全图用 K_n 表示，如图 1-2（a）所示的完全图为 5 阶完全图。

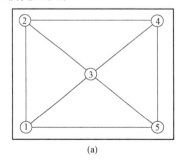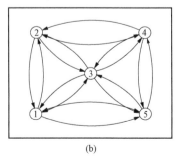

(a)　　　　　　　　　　　　　　　(b)

图 1-2　完全图与有向完全图

有向完全图（Directed complete graph），如果有向图中任何一对顶点 u 和 v，都存在 (u, v) 和 (v, u) 两条有向边，这种有向图称为有向完全图。在有向完全图中，阶数和边数存在关系式 $m=n\times(n-1)$。如图 1-2（b）所示的有向图就是有向完全图。

稀疏图（Sparse graph）：边的数目相对较少 [远小于 $n\times(n-1)$] 的图称为稀疏图。有文献认为，边或弧的数目 $m<n\log(n)$ 的无向图或有向图称为稀疏图，如图 1-3（a）所示的无向图可以称为稀疏图。

稠密图（Dense graph）：边或弧的数目相对较多的图（接近于完全图或有向完全图）称为稠密图，如图 1-3（b）所示的无向图可以称为稠密图。

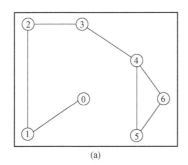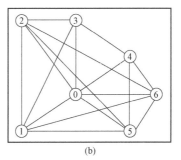

图 1-3 稀疏图与稠密图

平凡图（Trivial graph）：只有一个顶点的图，即阶 $n=1$ 的图称为平凡图；相反，阶 $n>1$ 的图称为非平凡图。

零图（Null graph）：边的集合 $E(G)$ 为空的图，称为零图。

1.2.1 顶点与顶点、顶点与边的关系

在无向图和有向图中，顶点和顶点之间的关系，以及顶点与边的关系是通过"邻接（adjacency）"表示。在无向图 $G(V, E)$ 中，如果 (u, v) 是 $E(G)$ 中的元素，即 (u, v) 是图中的一条无向边，则称顶点 u 与顶点 v 互为邻接顶点（adjacent nodes），边 (u, v) 依附于顶点 u 和 v，或称边 (u, v) 与顶点 u 和 v 相关联。此外，称有一个共同顶点的两条不同边为邻接边（adjacent edge）。

如图 1-1（a）所示的无向图中，与顶点 2 相邻接的顶点有 0，1，3，4 而依附于顶点 2 的边有 $(2, 0)$，$(2, 1)$，$(2, 3)$，$(2, 4)$。在有向图 $G(V, E)$ 中，如果 (u, v) 是 $E(G)$ 中的元素，即 (u, v) 是图中的一条有向边，则称顶点 u 邻接到顶点 v，顶点 v 邻接自顶点 u，边 (u, v) 与顶点 u 和 v 相关联。

如图 1-1（b）所示的有向图中，顶点 3 分别邻接到顶点 2，4，5 邻接自顶点 1 和 2；有向边 $(5, 6)$ 的顶点 5 邻接到顶点 6，顶点 6 邻接自顶点 5，顶点 6 分别与边 $(5, 6)$，$(6, 4)$ 相关联。

1.2.2 顶点的度及度序列

顶点的度数（Degree）：一个顶点 u 的度数是与它相关联的边的数目，记作 $\deg(u)$。如图 1-1（a）所示的无向图中，顶点 2 的度数为 4，顶点 6 的度数为 2。

在有向图中，顶点的度数等于该顶点的出度与入度之和。其中顶点 u 的出度（Out degree）是以 u 为起始顶点的有向边的数目，记作 $d_{out}(u)$；顶点 u 的入度（In degree）是以 u

为终点的有向边（即进入到顶点 u 的有向边）的数目，记作 $d_{in}(u)$；那么可以推出顶点 u 的度数 $\deg(u) = d_{out}(u) + d_{in}(u)$，如图 1-1（b）所示的有向图中，顶点 2 的出度为 2，入度为 2，度等于 4。

定理 1-1　在无向图和有向图中所有顶点度数总和等于边数的两倍，即

$$m = \frac{1}{2}\{\sum_{i=1}^{n}\deg(u_i)\}$$

这是因为不管是有向图还是无向图，在统计所有顶点度数总和时每条边都统计了两次。

偶点与奇点，为方便起见，把度数为偶数的顶点称为偶点（Even vertex），把度数为奇数的顶点称为奇点（Odd vertex）。

推论 1-1　每个图都有偶数个奇点。

孤立顶点（Isolated vertex）：度数为 0 的顶点称为孤立顶点，孤立顶点不与其他任何顶点邻接。

叶顶点（Leaf vertex）：度为 1 的顶点称为叶顶点，也称端点（End vertex），其他顶点称为非叶顶点。

1.2.3　度序列与 Havel-Hakimi 定理

度序列（Degree sequence）：若把图 G 所有顶点的度数排成一个序列 s，则称 s 为图 G 的度序列。如图 1-1（a）所示无向图的度序列为

$$s: 2,4,4,4,4,4,2 \text{ 或 } s': 2,2,4,4,4,4,4 \text{ 或 } s'': 4,4,4,4,4,2,2$$

其中序列 s 是按顶点序号排序的，序列 s' 是按度数非减顺序排列的，序列 s'' 是按度数非增顺序排列的。给定一个图，确定它的度序列很简单，但是确定其逆问题并不容易，即给定一个由非负整数组成的有限序列 s，判断 s 是否是某个图的度序列。

序列是可图的：一个非负整数组成的有限序列，如果是某个无向图的度序列，则称该序列是可图的。判定一个序列是否是可图的，有以下 Havel-Hakimi 定理：

定理 1-2　（Havel-Hakimi 定理）由非负整数组成的非增序列 $s: d_1, d_2, \cdots, d_n$（$n \geq 2$，$d_1 \geq 1$）是可图的，当且仅当序列 $s_1: d_2-1, d_3-1, \cdots, d_{d1+1}, d_{d1+2}, \cdots, d_n$ 是可图的。

序列 s_1 中有 $n-1$ 个非负整数，s 序列中 d_1 后的前 d_1 个度数（即 $d_2 \sim, d_{d1+1}$）减 1 后构成 s_1 中的前 d_1 个数。

【**例 1-1**】　判断序列 s：7，7，4，3，3，3，2，1 是否是可图的？

删除序列 s 的首项 7，对其后的 7 项每项减 1，得到 6，3，2，2，2，1，0；继续删除序列的首项 6，对其后的 6 项每项减 1，得到 2，1，1，1，0，-1 到这一步出现了负数；由于图中不可能存在负度数的顶点，因此该序列不是可图的。

【**例 1-2**】　判断序列 s：5，4，3，3，2，2，2，1，1，1 是否是可图？

删除序列 s 的首项 5，对其后的 5 项每项减 1，得到 3，2，2，1，1，2，1，1，1，重新排序后为 3，2，2，2，1，1，1，1，1；继续删除序列的首项 3，对其后的 3 项每项减 1，得到 1，1，1，1，1，1，1，1；如此再陆续得到序列 1，1，1，1，1，1，0；1，1，1，1，0，0；1，1，0，0，0；0，0，0，0；由此可判定该序列是可图的。

Havel-Hakimi 定理实际上给出了根据一个序列 s 构造图（或判定 s 不是可图的）的方法。把序列 s 按照非增顺序排序以后，其顺序为 $d_1, d_2, \cdots, d_n$，度数最大的顶点（设为

v_1），将它与度数次大的前d_1个顶点之间连边，然后这个顶点就可以不管了，即在序列中删除首项d_1，并把后面的d_1个度数减1；再把剩下的序列重新按非增顺序排序，按照上述过程连边，直到建出完整的图，或出现负度数等明显不合理的情况为止。

【例 1-3】 对序列 s：3，3，2，2，1，1 构造图。

设度数从大到小的 6 个顶点为$a_1\sim a_6$。首先a_1与a_2，a_3，a_4连一条边，如图 1-4（a）所示，剩下的序列为 2，1，1，1，1。如果后面 4 个 1 对应顶点a_3，a_4，a_5，a_6则应该在a_2与a_3，a_2与a_4之间连边，最后在a_5与a_6之间连边，如图 1-4（b）所示。如果后面 4 个 1 对应顶点a_5，a_6，a_3，a_4，则应该在a_2与a_5，a_2与a_6之间连边，最后在a_3与a_4之间连边，如图 1-4（c）所示。可见由同一个可图的序列构造出来的图不一定是唯一的。

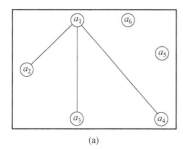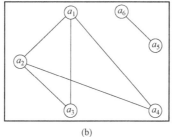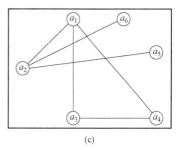

(a)　　　　　　　　　　　(b)　　　　　　　　　　　(c)

图 1-4　根据度序列构造图

1.3　二部图与完全二部图

二部图（Bipartite graph）：设无向图为 G（V，E），它的顶点集合 V 包含 2 个没有公共元素的子集 $X=\{x_1，x_2，x_3，\cdots，x_s\}$ 和 $Y=\{y_1，y_2，\cdots，y_t\}$，元素个数分别为 s 和 t，并且x_i与x_j之间（$1\leqslant i$，$j\leqslant s$），y_l与y_r之间（$1\leqslant l$，$r\leqslant t$）之间没有边连接，则称 G 为二部图，又称为二分图。

如图 1-5（a）所示的无向图就是一个二部图。

完全二部图（Complete bipartite graph）：在二部图 G 中，如果顶点集合 X 中每个顶点x_i与顶点集合 Y 中每个顶点y_l都有边相连，则称 G 为完全二部图，记为$K_{s,t}$，s 和 t 分别为集合 X 和集合 Y 中的顶点个数，在完全二部图$K_{s,t}$中一共有 $s\times t$ 条边。

如图 1-5（b）所示的$K_{2,3}$和图 1-5（c）所示的$K_{3,3}$都是完全二部图。

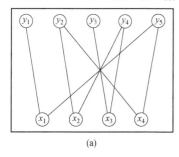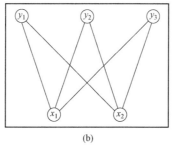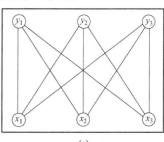

(a)　　　　　　　　　　　(b)　　　　　　　　　　　(c)

图 1-5　二部图与完全二部图

观察如图 1-6（a）、（c）所示，表面上看起来这两个图都不是二部图。但仔细观察，发现图 1-6（a）中 3 个黑色顶点互不相邻，3 个白色顶点也互不相邻，每个黑色顶点都与三个白色顶点相邻，因此图 1-6（a）实际上也是 $K_{3,3}$，如图 1-6（b）所示。同样，图 1-6（c）中 4 个黑色顶点互不相邻，4 个白色顶点也互不相邻，对这 8 个顶点进行编号后，重新画成如图 1-6（d）所示的图，发现如图 1-6（c）实际上也是一个二部图。

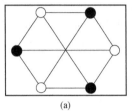 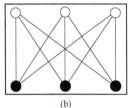 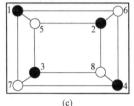 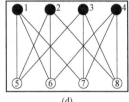

| (a) | (b) | (c) | (d) |

图 1-6　二部图的判定

定理 1-3 一个无向图 G 是二部图，当且仅当 G 中无奇数长度的回路。

由定理 1-3 可判定如图 1-6（a）、（c）所示都是二部图。

奇阶二部图是一种特殊的无向图，可以被分成两个顶点集合，其中每个顶点集合内的顶点之间没有边相连，而集合之间的顶点之间都有边相连，并且这两个顶点集合的大小都是奇数。换句话说，奇阶二部图是一个二分图，但是左右两边的顶点数量都是奇数。因此，奇阶二部图也被称为"奇数二部图"，奇阶二部图具有一些有趣的性质：

如果一个无向图是奇阶二部图，那么它一定是可平面图（即可以画成平面图），这一点可以通过尝试构造一些奇阶二部图来证明。

如果一个无向图是奇阶二部图，那么它不可能是完全图（即每两个顶点之间都有一条边相连的图），这是因为完全图的顶点数量必然是偶数。

如果一个无向图是奇阶二部图，那么它一定不是弦图，这也可以通过构造一些奇阶二部图来证明。

奇阶二部图在图论中具有重要的意义和应用，因此是值得进一步学习和探究的一个概念。

奇度二部图是一种特殊的无向图，可以被分成两个顶点集合，其中每个顶点集合内的顶点的度数都是奇数，而集合之间的顶点的度数都是偶数。

换句话说，奇度二部图也是一个二分图，但是与奇阶二部图不同的是，奇度二部图并不要求左右两边的顶点数量必须相等，只要它们的度数都是奇数即可。与奇阶二部图类似，奇度二部图也具有一些有趣的性质：

如果一个无向图是奇度二部图，那么它至少有一个割点。

如果一个无向图是奇度二部图，那么它不可能是完全图，因为完全图的所有顶点的度数都是相等的，都是 $n-1$，其中 n 是顶点的数量，而 $n-1$ 是偶数。

如果一个无向图是奇度二部图，并且其中一个顶点的度数为 k，则其另一个顶点集合内所有的顶点的度数都为 k。

奇度二部图在图论中也有重要的应用，如在电路理论、网络流、匹配等领域中都有应用。

1.4 图 的 同 构

如图 1-6 所示，有些图之间看起来差别很大，比如图 1-6（a）、（b）、（c）和（d），但经过改画后，它们实际上是同一个图。又如图 1-7 所示，图 1-7（a）和（b）两个图表面上看差别也很大，但是如果对图 1-7（b）按照图中的顺序给每个顶点编号后发现，他们也是同一个图。

图的同构：如果两个图 G 和 H 之间存在一一对应关系，使得 G 中的顶点可映射到 H 中的顶点，并且顶点间的连边在两个图中完全对应，那么图 G 和图 H 是同构的。简而言之，如果两个图是同构的，那么它们是结构上不可区分的，只是顶点的标签或位置不同而已。

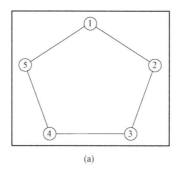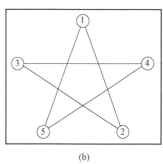

(a)　　　　　　　　　　(b)

图 1-7 图的同构

图的同构关系是一种等价关系，这种等价关系将点数和边数都相同的图分成若干等价类，同构的两个图属于同一类，同一类图有相同的结构，差别仅在于点和边的标号不同。由于人们感兴趣的是图的结构，所以不在乎它们的点和边的标号。特别是在图形表示中，人们常常用一个顶点和边都没有标号的图形表示作为同构图等价类中的代表元素。显然，恒等的两个图可以用同一个图形来表示，但不恒等的两个图也可以用相同的图形表示。

1.5 子 图

设有两个图 $G(V, E)$ 和 $G(V', E')$，如果 $V' \subseteq V$，且 $E' \subseteq E$，则称图 G' 是图 G 的子图（Subgraph）。如图 1-8（a）、（b）、（c）所示的无向图都是图 1-1（a）所示的无向图的子图，而图 1-8（d）、（e）、（f）所示的有向图都是图 1-1（b）所示的有向图的子图。

观察图 1-9，其中图 1-9（b），（c）都是图 1-9（a）的子图，这两个子图的顶点集相同，即 $V' = \{2, 3, 4, 5\}$，但边集不相同。图 1-9（b）保留了原图中 V' 内各顶点间的边，而在图 1-9（c）中，原图的边（3，5）和（3，2）被去掉了，因此有必要进一步讨论子图。

设图 $G(V', E')$ 是图 $G(V, E)$ 的子图，且对于 V' 中的任意两个顶点 u 和 v，只要 (u, v) 是 G 中的边则一定是 G' 中的边，此时称图 G' 为由顶点集合 V' 诱导的 G 的子图，简称为顶点诱导子图（Vertex-induced subgraph），记为 $G[V']$。根据定义，如图 1-9 所示，图 1-9（b）是由 $V' = \{2, 3, 4, 5\}$ 诱导的子图，图 1-9（c）、（d）都不是顶点诱导子图。

类似地，对于图 G 的一个非空的边集合 E'，由边集合 E' 诱导的 G 的子图，是以 E' 作为

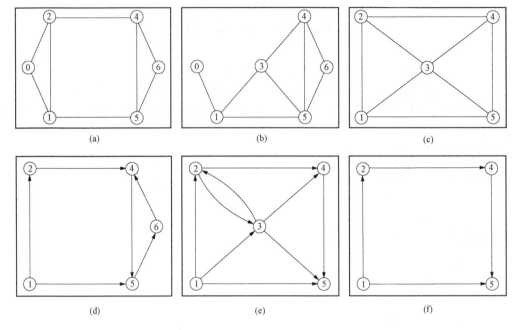

图 1 - 8 图 1 - 1（a）无向图的子图

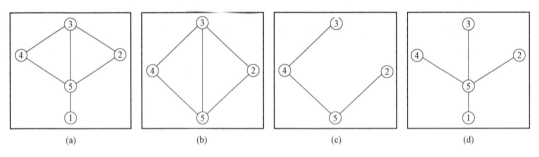

图 1 - 9 子图与诱导子图

边集，以至少与 E' 中一条边关联的那些顶点构成顶点集 V'，这个子图 $G(V'，E')$ 称为是 G 的一个边诱导子图（Edge - induced subgraph），记为 $G[E']$。根据定义，图 1 - 9（b）、（c）和（d）都是边诱导子图。

1.6　正　则　图

正则图是一类特殊的图，它们具有特定的正则性质。正则图是一个无向图，其中每个顶点都与同样数量的相邻顶点相连，如图 1 - 10 所示。

具体来说，对于一个 n 个节点的正则图，每个节点都连接到 k 个相邻的节点，这个 k 值在整个图中是相同的。用 $G(k，n)$ 来表示一个正则图，其中 k 是每个顶点相邻顶点的数量，n 是图中节点的数量，同时也可以称为 k 正则图；另外 $n-1$ 正则图我们称为完全图。

正则图在组合数学、图论和计算机科学等领域都有广泛应用。例如在无线网络中，正则图可以用于构建覆盖范围更大的红外线网络；在密码学中，正则图可用于构建一种不对称的

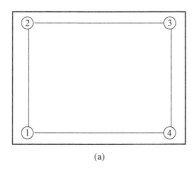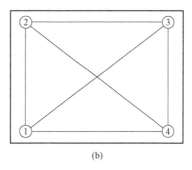

(a)   (b)

图 1-10 二正则图和三正则图

加密算法；在计算机科学中，由于正则图容易生成和处理，因此它们被用于设计高效的图算法。

正则图也是其他类型的图的基础。例如，超立方体是一种由正则图组成的图形，它在并行计算和通信中经常应用。在无向图中，一个良好的图分解定理是构建正则图的关键，因为它可以分解成更简单的子图的组合，从而有助于更好地理解和处理该图。因此，正则图是一个非常重要的图论概念，它在众多领域有着非常广泛的应用。

1.7 路

在图 $G(V, E)$ 中，若从顶点 v_i 出发，沿着一些边经过一些顶点 v_{p1}，v_{p2}，$\cdots$，v_{pm}，到达顶点 v_j，则称顶点序列 $(v_i, v_{p1}, v_{p2}, \cdots, v_{pm}, v_j)$ 为从顶点 v_i 到顶点 v_j 的一条路（Path），或称通路，其中 (v_i, v_{p1})，(v_{p1}, v_{p2})，$\cdots$，(v_{pm}, v_j) 为图 G 中的边。如果 G 是有向图，则 (v_i, v_{p1})，(v_{p1}, v_{p2})，$\cdots$，(v_{pm}, v_j) 为图 G 中的有向边。

路径的长度（length）：路径中边的数目通常称为路径的长度。

如图 1-1（a）所示的无向图中，顶点序列 $(1, 2, 4, 6)$ 是从顶点 1 到顶点 6 的路，路径长度为 3，其中 $(1, 2)$，$(2, 4)$，$(4, 6)$ 都是图 1-1（a）中的边；另外顶点序列 $(1, 5, 6)$ 也是从顶点 1 到顶点 6 的路，路径长度为 2。在图 1-1（b）所示的有向图中，顶点序列 $(2, 3, 5, 6)$ 是从顶点 2 到顶点 6 的路，其长度为 3，其中 $(2, 3)$，$(3, 5)$，$(5, 6)$ 都是其有向边，而从顶点 5 到顶点 2 没有路。

简单路径（Simple path）：若路径上各顶点 v_i，v_{p1}，v_{p2}，$\cdots$，v_{pm}，v_j 均互相不重复，则这样的路径称为简单路径。如图 1-1（a）所示的无向图中，路径 $(1, 2, 4, 5)$ 就是一条简单路径。

回路（Circuit）：若路径上第一个顶点 v_i 与最后一个顶点 v_j 重合，则称这样的路径为回路。如图 1-1（a）所示的路径 $(1, 2, 4, 5, 1)$ 和图 1-1（b）中的路径 $(4, 5, 6, 4)$ 都是回路，回路也称为环（loop）。

简单回路（Simple circuit），除第一个和最后一个顶点外，没有顶点重复的回路称为简单回路，也称为圈（Cycle）。长度为奇数的圈称为奇圈（Odd cycle），长度为偶数的圈称为偶圈（Even cycle）。

1.8   连 通 图

连通性也是图论中一个很重要的概念。在无向图中，若从顶点 u 到 v 有路，则称顶点 u 和 v 是连通的（Connected）。如果无向图中任意一对顶点都是连通的，则称此图是连通图（Connected graph）；相反，如果一个无向图不是连通图，则称为非连通图（Disconnected graph）。

如果一个无向图不是连通的，则其极大连通子图称为极大连通组件（Connected component），这里所谓的极大是指子图中包含的顶点个数最多。

如图 1-1（a）所示的无向图就是一个连通图，如果去掉边（4，6）（5，6）则剩下的图就是非连通的，且包含两个连通组件，一个是由顶点 0，1，2，3，4，5 组成的连通分量，另一个是由顶点 6 构成的连通分量。

如图 1-11 所示的无向图也是非连通图，其中顶点 1，2，3 构成一个连通组件，顶点 4，5，6 成另一个连通组件。

在有向图中，若每一对顶点 u 和 v，既存在从 u 到 v 的路，也存在从 v 到 u 的路，则称此有向图为强连通图（Strongly connected digraph），如图 1-12（a）和（b）所示的有向图就是强连通图。

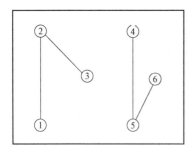
图 1-11 非连通图

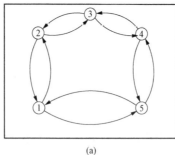
(a)

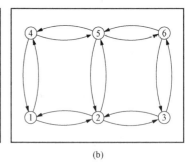
(b)

图 1-12 强连通图

对于非强连通图，其极大强连通子图称为其强连通组件（Strongly connected component），如图 1-13（a）所示的有向图就是非强连通图，它包含 3 个强连通组件；如图 1-13（b）所示，其中顶点 2，3，4，5 构成一个强连通组件，在这个子图中，每一对顶点 u 和 v，既存在从 u 到 v 的路径，也存在从 v 到 u 的路径；顶点 1，6，8 也构成一个强连通组件，顶点 7 自成一个强连通组件。

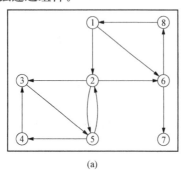
(a)

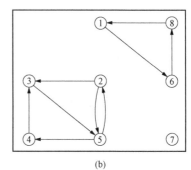
(b)

图 1-13   有向图的强连通分量

1.9 邻接矩阵与关联矩阵

1.9.1 邻接矩阵

在邻接矩阵存储方法中，除了一个记录各个顶点信息的顶点数组外，还有一个表示各个顶点之间关系的矩阵，称为邻接矩阵（Adjacency matrix）。设 $G(V，E)$ 是一个具有 n 个顶点的图，则图的邻接矩阵是一个 $n \times n$ 的二维数组，用 M_{nn} 表示，它的定义为：

$$M_{nn} = \begin{cases} 1 & （两节点如果有边） \\ 0 & （无边则为零） \end{cases}$$

【例 1-4】 如图 1-14 所示给出的无向图 $G(V，E)$ 及其邻接矩阵表示。

在图 1-14 中，为了表示顶点信息，将顶点的标号用 1，2，3，4，5 表示，各顶点的信息存储在顶点数组中，G 的邻接矩阵如图所示，从该图可以看出无向图的邻接矩阵是沿主对角线对称的。

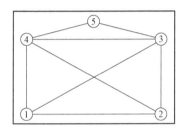

图 1-14 无向图及其邻接矩阵

【例 1-5】 如图 1-15 给出的有向图 $G(V，E)$ 及其邻接矩阵表示。

同样为了表示顶点信息，将图 1-15 中顶点的标号用数字表示，各顶点的信息存储在顶点数组中，G 的邻接矩阵如图所示，从该图可以看出有向图的邻接矩阵不一定是沿主对角线对称的。

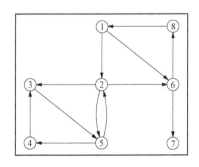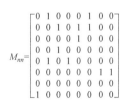

图 1-15 有向图及其邻接矩阵

注意，如果图中存在自身环（Self loop）和重边（Multiple edge）的情形，则无法用邻接矩阵存储。

1.9.2 关联矩阵

关联矩阵是一种与图相关的矩阵，它可以用来表示顶点与边之间的关系，同时也可以用来计算和分析不同类型的图像。下面介绍关联矩阵的定义、性质、应用等方面的内容。

　　关联矩阵：对于图 G（V，E），它的关联矩阵 M 是一个大小为 $n \times e$ 的矩阵，其中每个顶点和边之间的关系表示为一个元素。设 G（V，E）是一个具有 n 个顶点 e 条边的图，则图的邻接矩阵是一个 $n \times e$ 的二维数组，在本书中用 M_{ne} 表示。

　　在无向图中，其中每行表示一个顶点，每列表示一条边。每当一个顶点与一条边相连时，相应的元素为 1，反之为 0。

$$M_{ne} = \begin{cases} 1 & \text{顶点与某一条边相连} \\ 0 & \text{顶点不与边相连} \end{cases}$$

　　在有向图中，由于边有方向，所以在这里给它定义每一条有向边起点为 1，终点为 −1。

$$M_{ne} = \begin{cases} 1 & \text{起点} \\ -1 & \text{终点} \\ 0 & \text{不与边相连} \end{cases}$$

　　有向图 D 和无向图 G 的关联矩阵分别记为 M（D）和 M（G）。如图 1-16 所示的是无环有向图 D 及其关联矩阵 M（D），如图 1-17 所示的是无向图 G 及其关联矩阵 M（G）。

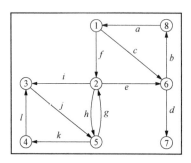

图 1-16　无环有向图关联矩阵

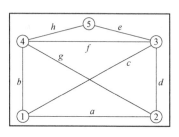

图 1-17　无向图关联矩阵

第二章 树

树在计算机科学中有广泛的应用，其中最常见的用途是在编程中表示数据结构。例如在一个文件系统中，文件夹、子文件夹和文件可以被视为构成一个树结构的节点，在这个树中，根节点是最顶层的文件夹，每个子节点是这个文件夹中的文件或子文件夹，这个层次结构可以被用来轻松地导航文件系统中的各个部分。此外，二叉搜索树是一种常用的结构数据排序，可以在其中快速查找和插入元素。

树也被广泛用于算法和计算机科学领域中的其他问题，例如最短路径算法、数据库搜索、网络路由和语言分析引擎等领域。因此，树是值得我们深入学习和探索的一个重要数据结构。

2.1 割点（Cut‑vertex）和割边（Cut‑edge）

连通性是图的重要的性质之一。如图2-1所示给出了阶为7的图，显然这些图都是连通的，然而某些图看起来比其他图"更为连通"。这意味着有必要引入一个能够反映图连通程度的参数，这便是本章探讨的主要内容。

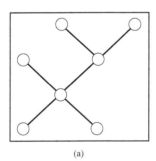 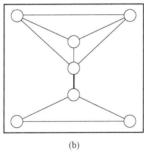 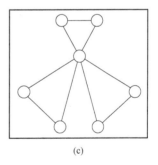

(a)　　　　　　　　　　(b)　　　　　　　　　　(c)

图2-1　阶为七的图

在图论中，割点（Cut vertex）也称为关节点，当移除该点以及与它相连的所有边时，图会被分成多个连通分量。换句话说，割点是一个顶点，其移除会影响图的连通性。若 U 是 G 的顶点集的真子集，则 $G-U$ 是 G 的一个子图，其顶点集为 $n(G)-U$，边集是由 G 的顶点均属于 $n(G)-U$ 的边构成。对于连通图 G 的顶点 n，若 $G-n$ 是不连通的，则称 n 是 G 的割点 。一般地，若 n 是图 G 某一连通分支的割点，则 n 也称为是 G 的割点。

如图2-2（a）所示，n 和 x 是 G 仅有的两个割点. 在图2-2（b）中，顶点 x 已不再是割点，然而 s 却是 $G-n$ 的割点。因此，对于 $U=\{s, n\}$，图 $G-U$ 是不连通的。由此可知，图2-1中的三个图均有割点。

割点在许多应用中都有重要作用，比如在网络通信中，割点可能表示一个关键的节点，其故障可能导致网络不连通。在社交网络中，割点可能表示连接不同社交圈子的重要人物，

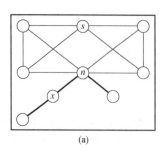 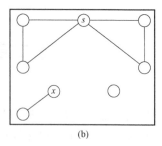

图 2-2　割点割边示意图

其缺席可能导致不同群体之间的隔离。

在图论中，割边又称桥，当移除它后，图会被分成多个连通分量。换句话说，割边是一条连接两个连通分量的边，其移除会影响图的连通性。

与割点类似，寻找图上的割边是一种常见的问题，其在许多应用中都有重要作用。例如在网络中，割边通常表示网络中的瓶颈，其故障可能导致网络不连通或崩溃。

如图 2-1 所示，图 2-1（a）有六条割边，图 2-1（b）有一条割边，图 2-1（c）没有割边。

注意到图 2-2 中的图 G 不仅包含割点 n，而且包含 3 条割边，其中两条与 n 相关联。图 2-1 中包含割边的两个图，即图 2-1（a）、（b）同样也包含割点，（c）包含割点但并不包含割边。事实上，任何一个包含割边的连通图一定包含割点。

下面我们将给出几个关于割点的结论。由于图 G 的割点必然是 G 的某个连通分支的割点，因此我们仅仅考虑连通图。

定理 2-1　设 n 是图 G 中与一条割边相关联的顶点，则 n 是 G 的割点当且仅当 $\deg(n) \geqslant 2$。

证明　[反证法] 设 (u, v) 是 G 的一条割边，则 $\deg(n) \geqslant 1$。若 $\deg(n) = 1$，则 v 是 G 的一个端点，从而图 $G-v$ 是连通的，v 不是 G 的一个割点。

反之，若 $\deg(n) \geqslant 2$，则一定存在一个不同于 u 的顶点 ω，ω 邻接于 v。假设 v 不是割点，则 $G-v$ 是连通的，因此在 $G-v$ 中存在一条 (u, ω) 路 P。容易发现，P 与顶点 v 以及两条边 (u, v) 和 (v, ω) 构成了一个包含割边的圈。

推论 2-1　设 G 是一个阶至少为 3 的连通图，若 G 包含一条割边，则 G 一定包含一个割点。

证明　若 v 是连通图 G 的割点，则 $G-v$ 至少包含两个连通分支，若 u 和 ω 是 $G-v$ 不同连通分支中的两个顶点，则 u 和 ω 在 $G-v$ 中是不连通的；另一方面，u 和 ω 在 G 中必然是连通的。因此有下面定理。

定理 2-2　设 n 是连通图 G 的一个割点，u 和 w 是 G 中不同连通分量中的两个顶点，则 n 位于 G 的任意一条 (u, w) 路上。

虽然割点和割边是两个平行概念而且有一些相似之处，但它们之间也有一些本质的区别。连通图 G 的任意一条边都可能是割边则 G 必然是树，然而任一非平凡的连通图一定包含不是割点的顶点。

定理 2-3　设 G 是非平凡的连通图，$u \in v(G)$，若 v 是 G 中距离 u 最远的顶点，则 v

不是 G 的割点。

　　证明　［反证法］假设 v 是 G 的割点，w 是 $G-v$ 的不包含 u 的连通分支中的任一顶点。由于任意一条（u，w）路均包含 v，则 d（u，w）$>d$（u，v），导致矛盾。

　　推论 2-2　任意非平凡的连通图至少包含两个非割点的顶点。

　　证明　［直接证明］设 u 和 v 是非平凡图 G 的两个顶点，使得 d（u，v）等于其直径。因为 u，v 彼此都是距离最远的顶点，由推论 2-2，u 和 v 都不是 G 的割点。

　　【例 2-1】　假如在人口稀少的乡村地区，有些乡村道路可以让人们在某些村落之间直接走动，如图 2-3 所示，A、B、C、D、E、F、G 分别表示 7 个乡村的地理位置，乡村之间存在 6 条道路。

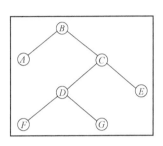

图 2-3　乡村地理位置图

　　图 2-3 中的图有两个有趣的特征。你或许曾听说过，人在旅途问路于当地人"怎样才能到达那里呢？"，答曰："你从这里到不了那里。"比较幸运的是，对于图 2-3 中的乡村不会遇到那样的情形，实际上沿着乡村道路能够到达任一乡村，换句话说图 2-3 是连通的。尽管这是一个非常有积极意义的特征，但该图也有一个消极的特征，即当道路修建、洪水泛滥、暴风雪肆虐等原因必须关闭某条道路时，就阻碍了道路的通达性。对图 2-3 来说，若移去 G 的任一条边，则所得到的图是不连通的，这种性质的边在图论中起着非常重要的作用。

　　在图 2-4 的不连通图 G 中，边 DE，HI，IJ，MN 都是割边（用粗线标出），其他的边均不是割边。

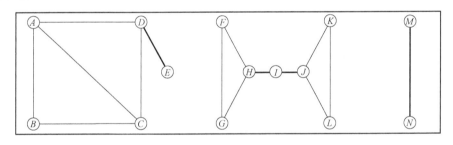

图 2-4　具有四个割边的非连通图

　　下面这个定理可以让我们很容易地判断出图中哪些边是割边。

　　定理 2-4　当且仅当 e 不在 G 的任一个圈上时，e 是割边。

　　证明　充分性：如果一条边是割边，那么它不在任何一个圈上，假设边 e 是图 G 的割边，那么去掉边 e 会使得图 G 不连通。我们来证明边 e 不可能出现在任何一个圈上，假设边 e 出现在某个圈 C 上，那么从圈 C 上移除边 e 后，圈 C 仍然保持连通，这与边 e 是割边的定义相矛盾，因此边 e 不可能出现在任何一个圈上。

　　必要性：如果一条边不在任何一个圈上，那么它是割边。假设边 e 不在图 G 的任何一个圈上，我们来证明边 e 是图 G 的割边。因为边 e 不在任何一个圈上，所以去掉边 e 后，图 G 仍然是连通的，说明边 e 的存在保持了图的连通性，这符合割边的定义，因此边 e 是图 G 的割边。

2.2 树 与 森 林

2.2.1 树

在图论中，无环且连通的无向图称为树（Tree）。这意味着在树中，任意两个顶点之间存在唯一不包含重复的顶点的路径。以下是树的几个基本性质：

（1）连通性：树中任意两个顶点都是连通的，即存在一条路径可以从一个顶点走到另一个顶点；

（2）无环：树中没有闭合循环，亦即没有环路；

（3）边数：在一个有 n 个顶点的树中，恰好有 $n-1$ 条边，即树中的边数总是比顶点数少 1；

（4）割边：树中的每一条边都是割边，移除任意一条边都会使得树变成非连通的；

（5）最小连通图：树是含有 n 个顶点的所有连通图中边数最少的；

（6）子树：树中的任意一部分也构成树，被称为子树（Sub—tree）。

树在计算机科学中有着广泛的应用，例如在表示数据结构和网络设计中表示没有循环的网络拓扑结构。特殊类型的树结构如二叉树、平衡树、红黑树等在算法设计中有着重要作用。在实际应用时，有时需要对树结构进行一些扩展，比如在树中增加一个根节点，这样的结构称为有根树（Rooted tree）。在有根树中，从根节点出发可以定义节点之间的父子关系，以及节点的深度和高度等概念。

如图 2-5（a）所示的无向连通图存在回路，所以它不是一棵树，但可以从中去掉构成回路的边，如去掉边（1，4）和（6，7），得到如图 2-5（b），这样图中就不存在回路，这样就退化为树；当然去掉边（3，4）和（5，6）也可以构造一棵树。

为什么不存在回路的连通图被称为树呢？因为可以把这种图改画成一棵倒立的树。在图 2-5（c）和（d）中，分别将图（b）改画成根为顶点 4 的树和根为顶点 5 的树。

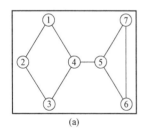
(a)
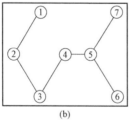
(b)
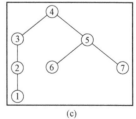
(c)
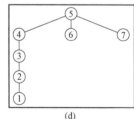
(d)

图 2-5 树

如图 2-6 所示列出了 6 个 6 阶的树。图（a）是一个星型图，（f）是一条路。图 2-6 中树的端点数在 2 到 5 之间。对此有进一步的结论，恰好包含两个非端点（它们必然是邻接的）的树称为双星（Double star）图，如图 2-6 中图（b）和（c）是双星图。

另一种常见的树称为"毛毛虫"图。毛毛虫（Caterpillar）是阶至少为 3 的树，并且移去该树的端点就会产生一条路，称为是毛毛虫的脊骨（Spine）。因此路、星型图（阶至少为 3）以及双星图都是"毛毛虫"图，如图 2-7 所示的树（a）和（b）也是毛毛虫，但（c）不是。

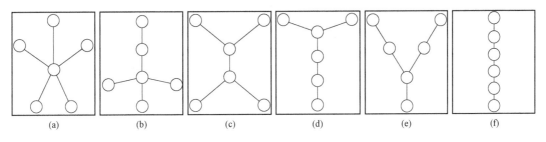

图 2-6 阶为 6 的树

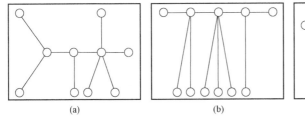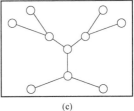

图 2-7 毛毛虫图

在有些情形下，选择树 T 的一个顶点，并指定它为 T 的根（root），这种做法往往会带来很多便利，此时 T 就成为一个有根树（rooted tree）。通常用如下方法来画有根树 T，T 的根画在顶部，对于其他顶点根据它们到根的距离，依次画在下面，且把与根距离相同的顶点画在同一水平线上，如图 2-8 所示给出了有根树的一个例子。

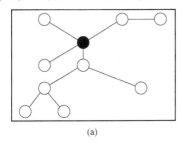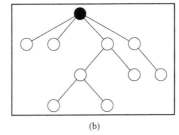

图 2-8 一个有根树

2.2.2 森林

森林（Forest）：如果一个无向图中包含了几棵树，那么该无向图可以称为森林，很明显森林是非连通图，如图 2-9 所示描绘了一个包含 3 棵树的森林。因此，森林的每个连通分支就是一个树。有一个事实可以区分树和森林，即树要求是连通的，而森林并不要求是连通；由于树是连通的，所以树的任意两个顶点都被一条路连接。

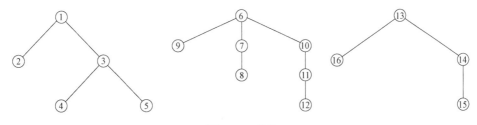

图 2-9 森林

定理 2-5　当且仅当 G 的任何两个顶点都被唯一的路连接时，G 是树。

证明　[反证法] 设 G 是一个树，则由定义可知 G 是连通的，因此 G 的每两个顶点之间都会连接一条路。假设 G 的某两个顶点之间连接了两条不同的路，则可由这两条路的全部或者部分边产生一个圈，这会产生矛盾。

现在来证明充分性，设 G 的每两个不同顶点之间都被唯一的路连接，说明 G 是连通的，假设 G 含有一个圈 C，设 u 和 v 是 C 的两个不同的顶点，因此 C 就确定了两条不同的路，产生矛盾；所以 G 是无圈的，G 是树。

定理 2-6　每个非平凡树至少有两个端点。

证明　首先，考虑一个非平凡树 T 的最长路径，即从一个节点出发到达离它最远的节点的路径。设这条最长路径的长度为 d，如果这条最长路径的两个端点都是叶节点，那么我们已经找到了两个端点；如果最长路径的一个端点是叶节点，那么可以找到它相邻的节点，并且这个相邻的节点不在最长路径上。我们可以从这个相邻节点开始寻找一条新的最长路径，由于这条路径的长度大于等于 $d-1$，所以它也是一条最长路径，重复上述过程，直到找到一个端点为止。综上所述，无论最长路径的一个端点是否为叶节点，总可以找到至少两个端点；因此，每个非平凡树至少有两个端点，定理得证。

定理 2-7　每个 N 阶树的边数是 $N-1$。

证明　使用归纳法证明这个定理。当 $N=1$ 时，每个节点的度数都为 1，所以这是一个链式结构，其中的边数就是节点数减去 1，因此，定理在这种情况下成立。现在假设定理对于一个 $N-1$ 阶树成立，需要证明对于一个 N 阶树，同样成立。考虑一个 N 阶树 T，从 T 的根节点开始，将从根节点延伸出来的所有 N 条边删去，就得到了 N 个子树 T_1，T_2，…，T_N，因为每个 T_i 都是 $N-1$ 阶树，根据归纳假设，每个 T_i 都有（$N-1$）$-1=N-2$ 条边；由于 T 的根节点在每个子树 T_i 上一定存在，所以当把这 N 个子树连接起来时，就会得到一颗完整的 N 阶树 T。因此，T 的边数等于 T_i 的边数之和加上 $N-1$，即

$$T \text{ 的边数} = (T_1 \text{ 的边数} + T_2 \text{ 的边数} + \cdots + T_N \text{ 的边数}) + (N-1)$$

将归纳假设代入得

$$T \text{ 的边数} = (N-2) + (N-2) + \cdots + (N-2) + (N-1)$$
$$= (N-2) * N + (N-1)$$
$$= N * (N-1)$$

因此，每个 N 阶树的边数是 $N-1$，定理得证。

【例 2-2】　设 T 为某个 13 阶树，其顶点的度为 1，2，5，如果 T 恰有 3 个度为 2 的顶点，那么 T 有多少个端点？

解　由于 T 有 3 个度为 2 的顶点，故 T 就有 10 个度为 1 或 5 的顶点。设 x 是 T 的端点数，则 T 含有 $10-x$ 个度为 5 的顶点；因为 T 含有 13 个顶点，由定理 2-7 可知，T 有 12 条边，对 T 的所有顶点的度求和，可以得到

$$1 \times x + 2 \times 3 + 5 \times (10-x) = 2 \times 12$$
$$x + 6 + 50 - 5x = 24$$
$$x = 8$$

注意到，画出一个 13 阶的树（该树有三个度为 2 的顶点，两个度为 5 的顶点，8 个端点）并不能回答上面问题，它仅仅说明我们所画的树有 8 个端点。

推论 2-3 阶为 n 且有 k 个连通分支的每个森林有 $n-k$ 条边。

证明 设 F 为一个阶为 n 且有 k 个连通分支的森林,假设这 k 个连通分支的树分别为 T_1, T_2,$\cdots$,T_k,对于每个树 T_i,根据定理 2-6,它的边数等于树的顶点数减去 1,即 $|T_i|-1$。

因此,森林 F 的边数等于每个树的边数之和,即

$$边数(F) = 边数(T_1) + 边数(T_2) + \cdots + 边数(T_k)$$
$$= (|T_1|-1) + (|T_2|-1) + \cdots + (|T_k|-1)$$

因为 F 由 k 个连通分支组成,所以 F 的顶点数等于各个连通分支的顶点数之和,即

$$顶点数(F) = 顶点数(T_1) + 顶点数(T_2) + \cdots + 顶点数(T_k)$$
$$= |T_1| + |T_2| + \cdots + |T_k|$$

因为 F 是一个阶为 n 的森林,所以顶点数 $(F) = n$,将这个条件代入上面的式子得

$$n = |T_1| + |T_2| + \cdots + |T_k|$$

可以将边数 (F) 重新表示为

$$边数(F) = (|T_1|-1) + (|T_2|-1) + \cdots + (|T_k|-1)$$
$$= (|T_1| + |T_2| + \cdots + |T_k|) - k$$
$$= n-k$$

因此,一个阶为 n 且有 k 个连通分支的森林 F 有 $n-k$ 条边。

根据定理 2-6,已知 n 阶树是包含 $n-1$ 条边的连通图。

实际上,每个 n 阶连通图都至少包含 $n-1$ 条边,可以用不同的方法来证明这个结论,这里采用最小反例证法,目的是为了说明这种证明方法的有效性。

定理 2-8 每个 n 阶连通图的边数至少是 $n-1$。

证明 [最小反例证法] 易见定理对阶分别为 1,2,3 的连通图成立。现在假设定理不成立,则存在一个具有最小阶(设为 n)的连通图 G,它的边数 m 至多是 $n-2$。显然,当 $n \geq 4$,由于 G 是一个非平凡的连通图,所以 G 不含孤立顶点,G 必含一个端点。假设 G 的每个顶点的度至少是 2,则 G 的顶点的度和是 $2m \geq 2n$。与 $m \geq n \geq m+2$ 矛盾,所以 G 含有一个端点。

设 n 是 G 的一个端点,由于 G 是连通的,并且阶为 n,边数为 $m \leq n-2$,所以 $G-n$ 是连通的,并且阶为 $n-1$,边数为 $m-1 \leq n-3$。这与上述对 G 的假设矛盾,即 G 是边数至少比阶小 2,且为阶最小的连通图。

定理 2-9 设 G 是阶为 n 且边数为 m 的图,若 G 满足如下性质中的任意两个,则 G 是树:①G 是连通的;②G 是无圈的;③$m = n-1$。

证明 数学归纳法。当 $n=1$ 时,G 只有一个顶点,没有边,满足性质③,它也是一棵树。假设当图的顶点数为 k 时,满足性质①、②和③的图都是树。当图的顶点数为 $k+1$ 时,我们可以考虑删除一条边,这样图的顶点数变为 k,并仍然满足性质①、②和③,根据归纳假设,这个图是一棵树。现在需要证明,如果一个连通的无环图 G 满足边数为 $n-1$,那么 G 必定没有回路。假设 G 有一个回路 C,可以删除 C 上的一条边得到 G_1,G_1 仍然满足连通性,且边数为 $n-2$;由于 G_1 的边数小于 G,假设 G_1 是一棵树,则存在一条边 e',它连接 G_1 中的一个顶点和 G_1 以外的一个顶点;若将 e' 加入 G_1,得到 G_2,则 G_2 是一个连通的无环图,并且边数为 $n-1$,满足性质①、②和③,根据归纳假设,G_2 是一棵树。因此,证明了当图 G 满足性质①、②和③时,G 是一棵树。

2.3　生成树及最小生成树

2.3.1　生成树（spinning Tree）

生成树又叫支撑树，是一个由无向连通图中所有节点及一部分边组成的树，它包含了原始图中所有节点，且无回路。通常情况下，生成树是原始图的一个"子图"，它是通过在原始图中去掉一些边得到的，这些边被选中后形成了一个新的树结构。生成树具有以下性质。

性质①：包含 N 个节点和 $N-1$ 条边。

性质②：生成树是原图的一个子集，即原图中所有节点都在生成树中，但不一定是所有边都在生成树中。

生成树在图论中是很重要，具有很多应用，如最小生成树问题、二元搜索树等。最小生成树问题要求在一个连通的、带权的无向图中找到一颗生成树，使得树中所有边的权重之和最小。

2.3.2　最小生成树（MST, minimum spanning tree）

对于一个带权的无向连通图（即无向网）来说，如何找出一棵生成树，使得各边上的权值总和达到最小，这是一个有着实际意义的问题。例如在 n 个城市之间建立通信网络，至少要架设 $n-1$ 条线路，这时自然会考虑如何选择这 $n-1$ 条线路，使得总造价最少？

若用顶点表示 n 个城市，用边表示两个城市之间架设的通信线路，用边上的权值表示架设该线路的造价，就可以建立一个通信网络图。对于这样一个有 n 个顶点的网络图，可以有不同的生成树，每棵生成树都可以构成通信网络。现在希望能根据各边上的权值，选择一棵总造价最小的生成树，这就是最小生成树的现实意义。构造最小生成树的准则包括：

1）必须只使用该网络中的边来构造；

2）必须仅使用 $n-1$ 条边来连接网络中的 n 个顶点；

3）不能使用产生回路的边；

4）所有边的权重之和最小。

构造最小生成树的算法主要有：克鲁斯卡尔（Kruskal）算法、Boruvka 算法和普里姆（Prim）算法，这些算法均在遵守以上准则的基础上，采用了逐步求解的策略。

设一个连通无向网为 G (V, E)，顶点集合 V 中有 n 个顶点。最初先构造一个包括全部 n 个顶点和 0 条边的森林 Forest $=$ $\{T_0, T_1, \cdots, T_{n-1}\}$，以后每一步向 Forest 中加入一条边，它应当是一端在 Forest 中的某一棵树 T_i 上，而另一端不在 T_i 上的所有边中具有最小权值的边；由于边的加入，使 Forest 中的某两棵树合并为一棵；经过 $n-1$ 步，最终得到一棵有 $n-1$ 条边，且各边权值总和达到最小的生成树。

2.4　克鲁斯卡尔（Kruskal）算法

克鲁斯卡尔算法的基本思想是以边为主导地位，始终都是选择当前可用的最小权值的边。设一个有 n 个顶点的连通网络为 G (V, E)，最初先构造一个只有 n 个顶点，没有边的非连通图，图中每个顶点自成一个连通分量。当在 E 中选择一条具有最小权值的边时，若该边的两个顶点落在不同的连通分量上，则将此边加入 T 中；否则，即这条边的两个顶点落在同一个连通分量上，则将此边舍去（此后永不选用这条边），重新选择一条权值最小的边；如此重复下去，直到所有顶点在同一个连通分量上为止。

如图 2-10（a）所示的无向网，其邻接矩阵如图所示。利用克鲁斯卡尔算法构造最小生成树的过程如图 2.10（c）所示，首先构造的是只有 7 个顶点的连通图 [图 2.10（c）中的每条边旁边的序号跟下面的序号是一致的]。

（1）在边的集合 E 中选择权值最小的边，即（1，6），权值为 10；

（2）在集合 E 剩下的边中选择权值最小的边，即（3，4），权值为 12；

（3）在集合 E 剩下的边中选择权值最小的边，即（2，7），权值为 14；

（4）在集合 E 剩下的边中选择权值最小的边，即（2，3），权值为 16；

（5）在集合 E 剩下的边中选择权值最小的边，即（7，4），权值为 18，但这条边的两个顶点位于同一个连通分量上，应舍去；继续选择一条权值最小的边，即（4，5），权值为 22；

（6）在集合 E 剩下的边中选择权值最小的边，即（7，5），权值为 24，但这条边的两个顶点位于同一个连通分量上，也应舍去；继续选择一条权值最小的边，即（6，5），权值为 25；至此，最小生成树构造完毕，最终构造的最小生成树如图 2-10（d）所示，生成树的权为 99。

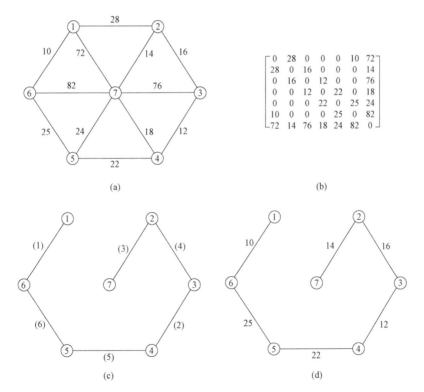

图 2-10 克鲁斯卡尔算法基本思想

Kruskal 算法在每选择一条边加入到生成树集合 T 时，有两个关键步骤如下：

（1）从 E 中选择当前权值最小的边（u，v），实现时可以用最小堆来存放 E 中所有的边，或者将所有边的信息（边的两个顶点、权值）存放到一个数组 edges 中，并将 edges 数组按边的权值从小到大进行排序，然后按先后顺序选用每条边；

（2）选择权值最小的边后，要判断两个顶点是否属于同一个连通分量，如果是则要舍去，如果不是则选用，并将这两个顶点分别所在的连通分量合并成一个连通分量；在实现时可以使用并查集来判断两个顶点是否属于同一个连通分量，以及将两个连通分量合并成一个连通分量。

2.5　普里姆（Prim）算法

普里姆算法的基本思想是以顶点为主导地位，从起始顶点出发，通过选择当前可用的最小权值边依次把其他顶点加入生成树当中来。

设连通无向网为 $G(V, E)$，在普里姆算法中，将顶点集合 V 分成两个子集合 T 和 T'，T 表示当前生成树顶点集合，T' 表示不属于当前生成树的顶点集合，很显然有 $T \cup T' = N$。普里姆算法的具体过程如下。

从连通无向网 G 中选择一个起始顶点 u_0，首先将它加入集合 T 中，然后选择与 u_0 关联且具有最小权值的边 (u_0, n)，将顶点 n 加入顶点集合 T 中；

以后每一步从一个顶点（设为 u）在 T 中，而另一个顶点（设为 n）在 T' 中的各条边中选择权值最小的边 (u, n)，把顶点 n 加入集合 T 中；如此重复过程，直到网络中的所有顶点都加入生成树顶点集合 T 中为止。

如图 2-11 所示的无向网为例，解释普里姆算法的实施过程。该无向网的邻接矩阵如图 2-11（b）所示，利用普里姆算法构造最小生成树的过程如图 2-11（c）所示。初始时集合 T 为空，首先把起始顶点 1 加入集合 T 中，然后按如下步骤把每个顶点加入集合 T 中〔图 2-11（c）中的每条边旁边的序号跟下面的序号一致〕。

（1）首先集合 T 中只有 1 个顶点，即顶点 1，一个顶点在 T 中，另一个顶点在 T' 的边中，权值最小的边为 $(1, 6)$，其权值为 10，通过这条边把顶点 6 加入集合 T 中。

（2）集合 T 中现有 2 个顶点，即顶点 1、6，一个顶点在 T，另一个顶点在 T' 的边中，权值最小的边为 $(6, 5)$，其权值为 25，通过这条边把顶点 5 加入集合 T 中。

（3）集合 T 中现有 3 个顶点，即顶点 1、6、5，一个顶点在 T，另一个顶点在 T' 的边中，权值最小的边为 $(5, 4)$，其权值为 22，通过这条边把顶点 4 加入集合 T 中。

（4）集合 T 中现有 4 个顶点，即顶点 1、6、5、4，一个顶点在 T，另一个顶点在 T' 的边中，权值最小的边为 $(4, 3)$，其权值为 12，通过这条边把顶点 3 加入集合 T 中。

（5）集合 T 中现有 5 个顶点，即顶点 1、6、5、4、3，一个顶点在 T，另一个顶点在 T' 的边中，权值最小的边为 $(3, 2)$，其权值为 16，通过这条边把顶点 2 加入集合 T 中。

（6）集合 T 中现有 6 个顶点，即顶点 1、6、5、4、3、2，一个顶点在 T，另一个顶点在 T' 的边中，权值最小的边为 $(2, 7)$，其权值为 14，通过这条边把顶点 7 加入集合 T 中。

至此，所有顶点都已经加入集合 T 中，最小生成树构造完毕，最终构造的最小生成树如图 2-11（d）所示，生成树的权为 99。

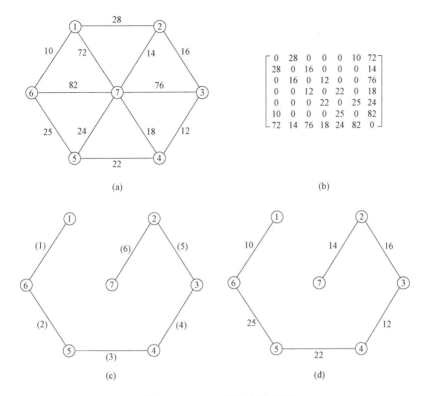

图 2-11 prim算法基本思路

2.6 中心点选址问题

对于许多地理问题，当它们被抽象为图论意义下的网络图时，问题的核心就变成了网络图上的优化计算问题，其中最为常见的是关于路径和顶点的优选计算问题。在顶点的优选计算问题中，最为常见的是中心点和中位点选址问题。

选址问题，是现代地理学的分支学科——区位论研究的主要方向之一。选址问题涉及人类生产、生活、文化、娱乐等各个方面。选址问题的数学模型取决于可供选址的范围、条件等多个方面。由于存在各种选址问题，所以相关文献中也有各种选址问题的数学模型及求解方法；但本节讨论仅限于选址的范围是一个地理网络，而且选址位置位于网络图的某一个或几个顶点上，对这样的选址问题，根据其选址的质量判据，可以将其归纳为网络图的中心点与中位点两类问题。

中心点选址问题，使最佳选址位置所在的顶点的最大服务距离为最小，这类选址问题适宜于医院、消防站点等一类服务设施的布局问题。例如某县要在其所辖的 6 个乡镇之一修建一个消防站，为 6 个乡镇服务，要求消防站至最远乡镇的距离达到最小。这就是中心点选址问题，这一类问题，实质上就是求网络图的中心点问题。该问题的数学描述如下。

设 $G=(V,E)$ 是一个无向简单连通赋权图，连接两个顶点的边的权值代表它们之间的距离，对于每一个顶点 v_i，它与各个顶点之间的最短路径长度为 d_{i1}，d_{i2}，$\cdots$，d_{in}，这些最短路径长度的最大值，称为顶点 v_i 的最大服务距离，记为 $e(v_i)$。那么中心点选址问题，

就是求网络图 G 的中心点 v_{i_0}，使得

$$e(v_{i_0}) = e_{\min}(v_i)$$

【例 2 - 3】 假设某县下属的 6 个乡镇及其之间公路联系如图 2-12 所示，图中每一个顶

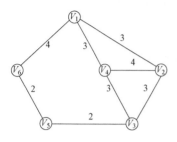

点代表一个乡镇，每一条边代表连接两个乡镇之间的公路，边旁的数字代表该条公路的长度，现在要设立一个消防站，为全县的 6 个乡镇服务，试问该消防站应该设在哪一个乡镇（图中的哪一个顶点）？

图 2-12 消防站选址问题

这个问题是一个中心点选址问题，要回答这个问题，就需要求解图 2-12 的中心点。

第一步，用标号法求出每一个点 v_i 至其他各个点 v_j 的最短路径长度 d_{ij}，并将它们写成如下的距离矩阵

$$\mathbf{D} = \begin{bmatrix} d_{11} & d_{12} & d_{13} & d_{14} & d_{15} & d_{16} \\ d_{21} & d_{22} & d_{23} & d_{24} & d_{25} & d_{26} \\ d_{31} & d_{32} & d_{33} & d_{34} & d_{35} & d_{36} \\ d_{41} & d_{42} & d_{43} & d_{44} & d_{45} & d_{46} \\ d_{51} & d_{52} & d_{53} & d_{54} & d_{55} & d_{56} \\ d_{61} & d_{62} & d_{63} & d_{64} & d_{65} & d_{66} \end{bmatrix} = \begin{bmatrix} 0 & 3 & 6 & 3 & 6 & 4 \\ 3 & 0 & 3 & 4 & 5 & 7 \\ 6 & 3 & 0 & 3 & 2 & 4 \\ 3 & 4 & 3 & 0 & 5 & 7 \\ 6 & 5 & 2 & 5 & 0 & 2 \\ 4 & 7 & 4 & 7 & 2 & 0 \end{bmatrix}$$

第二步，求出每一个点的最大服务距离。显然它们分别是矩阵 $\mathbf{D}$ 中各行的最大值，即 $e(v_1)=6$，$e(v_2)=7$，$e(v_3)=6$，$e(v_4)=7$，$e(v_5)=6$，$e(v_6)=7$。

第三步，求网络图的中心点。因为 $e(v_1)=e(v_3)=e(v_5)=\min e(v_i)=6$，所以 v_1，v_3，v_5 都是图 2-12 的中心点，也就是说，消防站设在 v_1，v_3，v_5 中任何一个点上都是可行的。

2.7 中位点选址问题

【例 2-4】 假设某县下属的 7 个乡镇，每一个乡镇的人口数、公路联系如图 2-13 所示。图中每一个顶点 $v_i(i=1, 2, \cdots, 7)$ 代表一个乡镇，其载荷 $a(v_i)$ 代表该乡镇的人口数。每一条边代表连接两个乡镇之间的公路，边旁的数字代表该条公路的长度。现在需要设立一个中心邮局，为全县所辖的 7 个乡镇共同服务。试问该中心邮局应该设在哪一个乡镇（图中的哪一个顶点）？

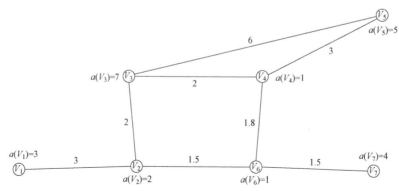

图 2-13 中心邮局选址问题

这个问题，是一个中位点选址问题，要回答这个问题，就需要求解图 2-13 的中位点。

第一步，用标号法求出每一个点 v_i 至其他各个点 v_j 的最短路径长度 d_{ij}（$i,j=1,2,\cdots,7$）并将它们写成如下的距离矩阵

$$\begin{bmatrix} d_{11} & d_{12} & d_{13} & d_{14} & d_{15} & d_{16} & d_{17} \\ d_{21} & d_{22} & d_{23} & d_{24} & d_{25} & d_{26} & d_{27} \\ d_{31} & d_{32} & d_{33} & d_{34} & d_{35} & d_{36} & d_{37} \\ d_{41} & d_{42} & d_{43} & d_{44} & d_{45} & d_{46} & d_{47} \\ d_{51} & d_{52} & d_{53} & d_{54} & d_{55} & d_{56} & d_{57} \\ d_{61} & d_{62} & d_{63} & d_{64} & d_{65} & d_{66} & d_{67} \\ d_{71} & d_{72} & d_{73} & d_{74} & d_{75} & d_{76} & d_{77} \end{bmatrix} = \begin{bmatrix} 0 & 3 & 5 & 6.3 & 9.3 & 4.5 & 6 \\ 3 & 0 & 2 & 3.3 & 6.3 & 1.5 & 3 \\ 5 & 2 & 0 & 2 & 5 & 3.5 & 5 \\ 6.3 & 3.3 & 2 & 0 & 3 & 1.8 & 3.3 \\ 9.3 & 6.3 & 5 & 3 & 0 & 4.8 & 6.3 \\ 4.5 & 1.5 & 3.5 & 1.8 & 4.8 & 0 & 1.5 \\ 6 & 3 & 5 & 3.3 & 6.3 & 1.5 & 0 \end{bmatrix}$$

第二步，以各顶点的载荷（人口数）加权，求出每一个顶点至其他各个顶点的最短路径长度的加权和

$$S(v_1) = \sum_{j=1}^{7} a(v_j) d_{1j} = 122.3$$
$$S(v_2) = \sum_{j=1}^{7} a(v_j) d_{2j} = 71.3$$
$$S(v_3) = \sum_{j=1}^{7} a(v_j) d_{3j} = 69.5$$
$$S(v_4) = \sum_{j=1}^{7} a(v_j) d_{4j} = 69.5$$
$$S(v_5) = \sum_{j=1}^{7} a(v_j) d_{5j} = 108.5$$
$$S(v_6) = \sum_{j=1}^{7} a(v_j) d_{6j} = 72.8$$
$$S(v_7) = \sum_{j=1}^{7} a(v_j) d_{7j} = 95.3$$

第三步，求网络图的中心点。因为

$$S(v_3) = S(v_4) = \min\{|S(v_i)|\} = \min \sum_{j=1}^{7} a(v_j) d_{ij} = 69.5$$

所以，v_3 和 v_4 都是图 2-13 的中心点，也就是说中心邮局设在 v_3 和 v_4 都是可行的。

第三章 欧拉通路与哈密顿通路

3.1 引 言

能否从一个顶点出发沿着图的边前进，恰好经过图的每条边一次并且回到这个顶点？同样，能否从一个顶点出发沿着图的边前进，恰好经过图的每个顶点一次并且回到这个顶点？虽然这两个问题有相似之处，但是对于所有的图来说，可以轻而易举地回答第一个关于是否具有欧拉回路的问题，却非常难以解决第二个关于是否具有哈密顿回路的问题，本节将研究这些问题并且讨论这些问题的难点。虽然两个问题在许多不同领域中都有实际应用，但都是来源于古老的智力题，下面将介绍这些古老的智力题以及现代的实际应用。

列昂哈德·欧拉（Leonhard Euler，1707—1783）是瑞士巴塞尔附近一位加尔文教派牧师之子。他 13 岁进入巴塞尔大学，遵照父亲的愿望开始神学生涯，在大学里，欧拉受到著名的伯努利家族中的数学家约翰·伯努利的指导，在 16 岁时取得了哲学硕士学位；1727 年受彼得大帝邀请加入圣彼得堡的科学院；1741 年来到柏林科学院；直到 1766 年，之后回到圣彼得堡，并在那里度过余生。

欧拉的成果多得令人难以置信，他在数学的许多领域都做出了贡献，包括数论、组合以及分析在诸如音乐和造船学等领域的应用。欧拉写的书籍和文章数量在 1100 部以上，另外还有很多在他去世前未能发表的著作，以至于在欧拉去世之后又用了 47 年才发表完所有著作。欧拉写文章非常快，他总有一大摞文章等待发表，而柏林科学院总是先发表这一摞最顶上的文章，以至于其研究结果常常先于其所依赖或取代的结果而发表。欧拉有 13 个孩子，当有一两个孩子在他膝上玩耍时，他照样能够工作，在他生命的最后 17 年里，他完全失明了；但是，由于他神奇的记忆力，他的数学研究成果的推出并没有受到影响，他的全集出版工作由瑞士自然科学协会负责，目前还在进行之中，预计将超过 75 卷。

威廉·罗万·哈密顿（William Rowan Hamilton，1805—1865），是爱尔兰最具名望的科学家之一，1805 年出生在都柏林。他的父亲是名成功的律师，母亲来自以智力超群而闻名的家族，他本人是个神童，3 岁时他就是一名出色的读者并掌握了高等算术；因为聪明，他被送到身为著名语言学家的叔叔詹姆士那里生活；到 8 岁时，哈密顿学会了拉丁语、希腊语和希伯来语；到 10 岁时他又学会了意大利语和法语，并且开始学习东方语言，包括阿拉伯语、梵语和波斯语，在此期间他以懂得当时的所有语言而自豪；17 岁时他不再学习新的语言，但是已经掌握了数学分析和许多数学天文学知识，他开始了在光学上的开创性工作，发现了拉普拉斯的天体力学著作中的重大错误；在 18 岁进入都柏林三一学院之前，哈密顿一直接受私人教育，在三一学院里他在科学和古典文学上都表现超群，在获得学位之前，他就因为过人的才华，从多位著名天文学家参与的竞争中脱颖而出，被任命为爱尔兰皇家天文学家，他终身担任这个职位，在都柏林郊外的邓辛天文台（Dunsink Observatory）生活和工作。哈密顿在光学、抽象代数和动力学领域做出了重要贡献，发明了称为四元数的代数对象来作为非交换系统的例子；当他沿都柏林的运河散步时，发现了四元数相乘的适当方式，狂喜之下，他把公式刻在了跨越运河的石桥上，现在该地立匾为记；随后哈密顿一直沉迷在四元数里，并努力将其应用到数学的其他领域，而不再转向新的研究领域。

1857 年，哈密顿在自己非交换代数的工作的基础上发明了"艾口西安游戏"。他把这个想法以 25 镑的价格出售给游戏和智力题的经销商，然而游戏的销路一直不好，事实证明这是经销商的一次失败的投资。本节所描述的智力题"旅行者十二面体"，又称"周游世界"，就是该游戏的变种。

哈密顿在 1833 年第三次结婚，但是他的婚姻很不幸，他的妻子是半残疾人，无法处理他的家务，在他生命的最后 20 年里，过着酗酒和隐居的生活。他 1865 年死于痛风，留下大量包含未发表研究结果的文稿，在这些文稿里，混杂着大量晚餐碟子，许多碟子里还有已脱水的吃剩的排骨。

3.2 欧拉通路与欧拉回路

普鲁士的哥尼斯堡镇（现名加里宁格勒，属于俄罗斯共和国）被普雷格尔河支流分成四部分，包括河两岸、河中心岛以及两条支流之间的部分，在 18 世纪这四部分用七座桥连接起来，如图 3-1（a）所示。

镇上的人们在周日里穿过镇子进行长距离的散步，他们想弄明白是否可能从镇里某个位置出发不重复地经过所有桥并且返回出发点。

瑞士数学家列昂哈德·欧拉解决了这个问题，他的解答发表在 1736 年，这也许是人们第一次使用图论。欧拉利用多重图来研究这个问题，其中用顶点表示四个部分，用边表示桥，如图 3-1（b）所示。

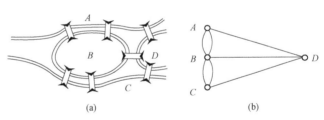

图 3-1 哥尼斯堡七桥及其示意图

不重复地经过每一座桥来旅行的问题可以利用这个模型来重新叙述，问题就变成了在这个多重图里是否存在着包含每一条边的简单回路？

定义 3-1 图 G 里的欧拉回路是包含着 G 的每一条边的简单回路，图 G 里的欧拉通路是包含着 G 的每一条边的简单通路。

［例 3-1］和［例 3-2］解释了欧拉回路和欧拉通路的概念。

【例 3-1】 在图 3-2 里，哪些无向图具有欧拉回路？在没有欧拉回路的那些图里，哪些具有欧拉通路？

解 图 G_1 具有欧拉回路，例如 a, e, c, d, e, b, a；G_2 和 G_3 都没有欧拉回路（读者可自行验证），但是 G_3 具有欧拉通路，即 a, c, d, e, b, d, a, b，G_2 没有欧拉通路（读者可自行验证）。

【例 3-2】 在图 3-3 里，哪些有向图具有欧拉回路？在没有欧拉回路的那些图里，哪些具有欧拉通路？

解 图 H_2 具有欧拉回路，例如 a, g, c, b, g, e, d, f, a；H_1 和 H_3 都没有欧拉回路

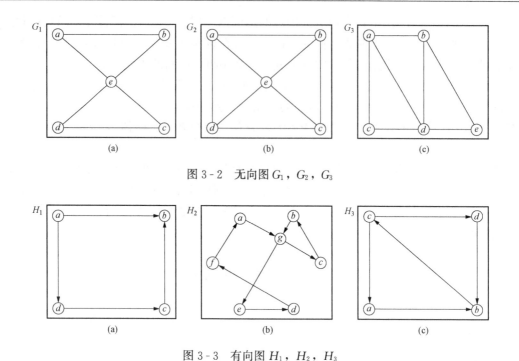

图 3-2 无向图 G_1，G_2，G_3

图 3-3 有向图 H_1，H_2，H_3

（读者可自行验证），H_3 具有欧拉通路，即 c，a，b，c，d，b，但是 H_1 没有欧拉通路（读者可自行验证）。

欧拉回路和欧拉通路的充要条件 对判断多重图是否具有欧拉回路和欧拉通路来说，存在着简单的标准，欧拉在解决著名的哥尼斯堡七桥问题时发现了它们。假设在本节里讨论的所有图都具有有穷多个顶点和边。

若一个连通多重图具有欧拉回路，那么它有什么性质呢？可以说明的是，每一个顶点都必有偶数条边。为此，首先注意一条欧拉回路从顶点 a 开始，接着是 a 关联的一条边，比方说边 $(a，b)$ 为 deg (a) 贡献 1 度；这条回路每次经过一个顶点就为该顶点的度贡献 2 度，这是因为这条回路经过关联该顶点的边进入又经过另一条这样的边离开；最后这条回路在它开始的地方结束，为 deg (a) 贡献 1 度。因此 deg (a) 必为偶数，这是因为当回路开始时贡献 1 度，当回路结束时贡献 1 度，每次经过 a 都贡献 2 度（如果它又经过了 a）。除 a 外的其余顶点都有偶数度，这是因为每次回路经过一个顶点就为该顶点的度贡献 2 度，由此得出结论，若连通图有欧拉回路，则每一个顶点必有偶数度。

欧拉回路存在性的这个必要条件是否也是充分的？即若在连通多重图里所有顶点都有偶数度，则是否必有欧拉回路？这个问题可以通过构造来解决。

假设 G 是连通多重图，而且 G 的每一个顶点都有偶数度，构造从 G 的任意顶点 a 开始的简单回路。设 $x_0＝a$，首先任意地选择一条关联 a 的边 $(x_0，x_1)$，通过建立尽量长的简单通路 $(x_0，x_1)$，$(x_1，x_2)$，$\cdots(x_{n-1}，x_n)$ 来继续构造。例如图 3-4 所示的图 G 里，从 a 开始而且连续地选择边 $(a，f)$，$(f，c)$，$(c，b)$ 和 $(b，a)$。

这样的通路必然结束，这是因为图的边数是有穷的。它在 a 上以形如 $(a，x)$ 的边开始，而且在 a 上以形如 $(y，a)$ 的边结束。这是因为通路每次经过一个偶数度顶点时，它只用 1 条边进入这个顶点，所以至少还剩下 1 条边让通路离开这个顶点，这条通路可能用完了所有的边，也可能没用完。

若所有的边都已经用完，则已构造好了欧拉回路；否则，考虑通过从 G 里删除已经用过的边和不关联任何剩余的边的顶点，这样得到的子图 H。当从图 3-4 里的图删除回路 a，f，c，b，a 时，就得到标记为 H 的子图。

因为 G 是连通的，所以 H 与已

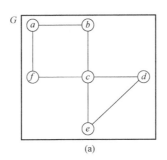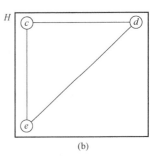

图 3-4　构造 G 里的欧拉回路

经删除的回路至少具有 1 个公共顶点。设 ω 是这样的顶点（此例中 c 是这个顶点）。

H 里的每一个顶点都有偶数度，因为 G 里的所有顶点都有偶数度，对每个顶点来说，把与这个顶点关联的边成对地删除，以便形成 H，注意 H 可能是不连通的。类似于在 G 里处理过程，在 ω 上开始，通过尽可能地选择边来构造 H 里的简单回路，这条回路必然在 ω 上结束。例如在图 3-4 里，c，d，e，c 是 H 里的回路；下一步通过把 H 里的回路与 G 里原来的回路拼接起来，形成 G 里的回路（这是可行的，因为 ω 是这个回路的顶点之一）。当在图 3-4 的图里这样做时，可得到回路 a，f，c，d，e，c，b，a。

继续进行这个过程，直到用完了所有的边为止（这个过程必然结束，这是因为图里边数是有穷的），这样就产生了欧拉回路。这样的构造说明，若连通多重图的顶点都有偶数度，则该图具有欧拉回路。

将以上结果总结成定理 3-1。

定理 3-1　当且仅当连通多重图的每个顶点都有偶数度，它才具有欧拉回路。

现在可以解决哥尼斯堡七桥问题了。因为如图 3-1 所示的表示这些桥的多重图具有 4 个奇数度顶点，所以它没有欧拉回路，从给定点开始，恰好经过每座桥一次并返回开始点是无法实现的。

下一个例子，说明如何利用欧拉通路和欧拉回路来解决一种类型的智力题。

【例 3-3】　有许多智力题要求用铅笔连续移动，不离开纸面并且不重复地画出图形，可利用欧拉回路和欧拉通路来解决这类智力题。例如，能否用这样的方法画出如图 3-5 所示的穆罕默德短弯刀？其中图形是在同一个顶点上开始和结束。

解　可以解决这个问题，因为如图 3-5 所示的图 G 具有欧拉回路，这是因为它的所有顶点都有偶数度。首先形成回路 a，b，d，c，b，e，i，f，e，a，通过删除这条回路的边并且删除产生的孤立点，就得到子图 H；然后形成 H 里的回路 d，g，h，j，i，h，k，g，f，d，形成这条回路之后就用完了 G 里的所有边。在适当的地方拼接这条回路和第一条回路，就产生出欧拉回路 a，b，d，g，h，j，i，h，k，g，f，d，c，b，e，i，f，e，a，这条回路给出了铅笔不离开纸面并且不重复地画出弯刀的方法。

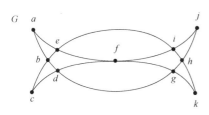

图 3-5　穆罕默德短弯刀图

现在证明连通多重图为仅有 2 个奇数度顶点的欧拉通路（不是欧拉回路）时，首先，假设连通多重图有从 a 到 b 的欧拉通路，但不是欧拉回路；通路的第一条边为 a 的度贡献 1

度，通路每次经过 a 就为 a 的度贡献 2 度，通路的最后一条边为 b 的度贡献 1 度，通路每次经过 b 就为 b 的度贡献 2 度，所以 a 和 b 的度都是奇数。每一个其他顶点都具有偶数度，这是因为每当通路经过一个顶点时，就为这个顶点的度贡献 2 度。

现在反过来考虑，假设这个图恰有 2 个奇数度顶点 a 和 b。考虑由原来的图和边 (a,b) 所组成的更大的图，这个更大的图的每一个顶点都有偶数度，所以具有欧拉回路，删除新边就产生原图的欧拉通路。定理 3-2 总结如下。

定理 3-2 连通多重图当且仅当它恰有 2 个奇数度顶点，具有欧拉通路但无欧拉回路。

【例 3-4】 图 3-6 所示的哪些图具有欧拉通路？

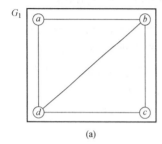 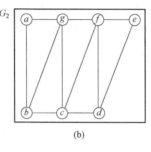 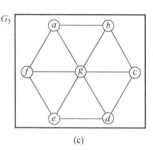

图 3-6 三个无向图

解 G_1 恰有 2 个奇数度顶点，即 b 和 d，因此它具有必须用 b 和 d 作为端点的欧拉通路，即为 d，a，b，c，d，b。同理，G_2 恰有 2 个奇数度顶点，即 b 和 d，因此它具有必须用 b 和 d 作为端点的欧拉通路，即为 b，a，g，f，e，d，c，g，b，c，f，d；G_3 没有欧拉通路，因为它具有 6 个奇数度顶点。

回到 18 世纪的哥尼斯堡，是否有可能在镇里某点开始，旅行经过所有的桥，在镇里其他某点结束？通过判定证明哥尼斯堡七桥的多重图是否具有欧拉通路，就可以回答这个问题。因为这个多重图有四个奇数度顶点，没有欧拉通路，所以这样的旅行是不可能的。

有向图里欧拉通路和欧拉回路的充要条件，在本节末尾的例题中讨论。

可以用欧拉通路和欧拉回路来解决许多实际问题，如要求一条通路或回路，它要恰好一次地经过一个街区里的每条街道、一个交通网里的每条道路、一个高压输电网里的每个连接或者一个通信网络里的每个链接，利用适当的图模型里的欧拉通路或欧拉回路就可以解决这样的问题。例如，如果一个邮递员可以求出表示他所负责投递的街道的图中的欧拉通路，则这条通路就产生恰好一次性经过每条街道的投递路线，这个问题称为中国邮递员问题，以纪念在 1962 年提出这个问题的中国科学家管梅谷。欧拉通路和欧拉回路的其他应用领域有电路布线、网络组播和分子生物学，在分子生物学中欧拉通路可用于 DNA 测序。

3.3 哈密顿通路与哈密顿回路

包含多重图每一条边恰好一次的通路和回路的存在性的充要条件已经得出。那么包含图的每一个顶点恰好一次的简单通路和回路的存在性的充要条件是否也能得出呢？

定义 3-2 在图 $G=(V,E)$ 里，若 $V=\{x_0, x_1, \cdots, x_{n-1}, x_n\}$ 并且对 $0 \leqslant i < j \leqslant n$ 来说有 $x_i \neq x_j$ 则通路 x_0，x_1，$\cdots$，x_{n-1}，x_n 称为哈密顿通路。在图 $G=(V,E)$ 里，若 x_0，

x_1，…，x_{n-1}，x_n是哈密顿通路，则x_0，x_1，…，x_{n-1}，x_0，（其中$n>1$）称为哈密顿回路。

这个术语来自爱尔兰数学家威廉·罗万·哈密顿爵士在1857年发明的智力题。哈密顿的智力题用到了木质十二面体［如图3-7（a）所示，十二面体有12个正五边形表面］，十二面体每个顶点上的钉子以及细线。十二面体的20个顶点用世界上的不同城市作标记，该智力题要求从一个城市开始，沿十二面体的边旅行，访问其他19个城市恰好一次，回到第一个城市结束。旅行经过的回路用钉子和细线来标记，如图3-7所示。

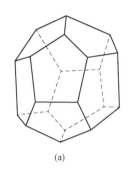
(a)
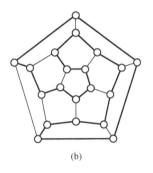
(b)

图3-7　哈密顿的周游世界智力题

【例3-5】 如图3-8所示，哪些简单图具有哈密顿回路？或者没有哈密顿回路但是有哈密顿通路？

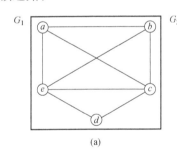
(a)
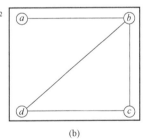
(b)
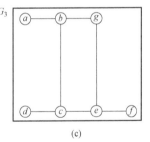
(c)

图3-8　三个简单图

解 G_1有哈密顿回路a，b，c，d，e，a；G_2没有哈密顿回路［从包含每一个顶点的任何回路必然两次包含边$(a，b)$可以看出这一点］，但是G_2确实有哈密顿通路，即a，b，c，d；G_3既无哈密顿回路也无哈密顿通路，这是因为包含所有顶点的任何通路都必然多次包含边$(a，b)$，$(e，f)$和$(e，d)$的其中之一。

是否存在简单方式来判定一个图有无哈密顿回路或哈密顿通路？初看起来，似乎应当有判定这一点的简单方式，因为存在简单方式来回答一个图有无欧拉回路这样的相似问题。然而事实上没有已知的简单的充要条件来判定哈密顿回路的存在性；不过已经有许多定理对哈密顿回路的存在性给出了充分条件，而且可通过某些性质来证明一个图没有哈密顿回路。例如，带有1度顶点的图没有哈密顿回路，因为在哈密顿回路里每个顶点都关联着回路里的两条边；另外，若一个图中有2度顶点，则关联这个顶点的两条边属于任意一条哈密顿回路。此外应注意，当构造哈密顿回路而且该回路经过某一个顶点时，除了回路所用到的两条边以外，不用再考虑这个顶点所关联的其他边；而且哈密顿回路里不能包含更小的回路。

【例3-6】 证明如图3-9所示的图都没有哈密顿回路。

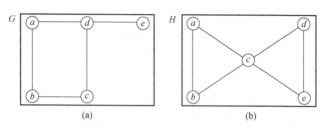

图 3-9 两个没有哈密顿回路的图

解 图 G 里没有哈密顿回路，因为图 G 有 1 度顶点 e。现在考虑图 H，因为顶点 a，b，d 和 e 的度都为 2，所以这些顶点关联的每一条边都必然属于任意一条哈密顿回路。现在容易看出图 H 里不存在哈密顿回路，因为任何这样的哈密顿回路都不得不包含 4 条关联 c 的边，这是不可能的。

【例 3-7】 证明每当 $n \geqslant 3$ 时，k_n 就有哈密顿回路。

解 从 k_n 里的任意一个顶点开始来形成哈密顿回路，以所选择的任意顺序来访问顶点，要求通路在同一个顶点开始和结束，而且对其他每个顶点恰好访问一次。因为在 k_n 里任意两个顶点之间都有边，所以这样做是可能的。

如果一个图的边越多，这个图就越可能有哈密顿回路。另外，加入边（而不是顶点）到已经有哈密顿回路的图中就产生有相同哈密顿回路的图。因此，当加入边到图中时，特别是当确保给每个顶点都加入边时，这个图存在哈密顿回路的可能性就更大了。这里叙述充分条件中最重要的两个，这些条件由加布里尔·A·狄拉克（Gabriel A·Dirac）在 1952 年和奥伊斯坦·奥尔（Oystein·Ore）在 1960 年发现。

定理 3-3 狄拉克定理：如果 G 是带 n 个顶点的连通简单图，其中 $n \geqslant 3$，并且 G 中每个顶点的度都至少为 $n/2$，则 G 有哈密顿回路。

定理 3-4 奥尔定理：如果 G 是带 n 个顶点的连通简单图，其中 $n \geqslant 3$，并且对于 G 中每一对不相邻的顶点 u 和 v 来说，都有 deg (u) + deg $(v) \geqslant n$，则 G 有哈密顿回路。

奥尔定理和狄拉克定理都给出了连通简单图有哈密顿回路的充分条件，但这些定理没有给出哈密顿回路存在性的必要条件。

对于求解图中的哈密顿回路问题或判定其不存在的最佳算法，目前尚未找到具有多项式时间复杂性的解法。在一般情况下，这个问题被认为是 NP-完全问题，因此我们只能采用暴力穷举的方式进行求解。

在给定图的情况下，暴力穷举所有可能的路径，判断其中是否存在满足条件的哈密顿回路。这种解法的时间复杂性是指数级的，与图的顶点数成指数关系。因此，对于较大规模的图或顶点数较多的情况，寻找哈密顿回路是一项非常耗时的任务。此外，还有一些启发式算法和近似算法可以用来解决哈密顿回路问题，它们可以在实践中提供较好的近似或近似最优解，这些算法的性能通常被认为是多项式时间内可接受的。对于图中哈密顿回路问题的确切求解，当前最佳算法的时间复杂性仍然是指数级的。对于大规模的图，需要仔细考虑算法的效率，并根据具体情况选择适当的解决方案。

可以用哈密顿通路和哈密顿回路来解决实际问题。例如许多应用都要求一条通路或回路，它要恰好一次性地访问一个城市里的每个路口、一个设备网格里的每个管道交汇处或者一个通信网络里的每个节点。求出图模型里适当的哈密顿通路或哈密顿回路就可以解决这样的问题。著名的旅行商问题要求一个旅行商为了访问一组城市所应当选取的最短路线，这个问题可归结为求完全图的哈密顿回路，使得这个回路的边的权的总和尽可能地小。

3.4 欧拉图的应用

3.4.1 一笔画问题

所谓"一笔画问题"就是画一个图形，笔不离纸，每条边只画一次而不许重复，画完该图。

"一笔画问题"本质上就是一个无向图是否存在欧拉通路（回路）的问题，如果该图为欧拉图，则能够一笔画完该图，并且笔又回到出发点；如果该图只存在欧拉通路，则能够一笔画完该图，但笔回不到出发点；如果该图中不存在欧拉通路，则不能一笔画完该图。

【例 3 - 8】 下图中的三个无向图能否一笔画，为什么？

解 分析：判定这些图是否存在欧拉通路（回路）即可。

因为图 3 - 10（a）和（b）中分别有 0 个和 2 个奇度数结点，所以它们分别是欧拉图和存在欧拉通路，因此能够一笔画，并且在图 3 - 10（a）中笔能回到出发点，而图（b）中笔不能回到出发点；图（c）中有 4 个度数为 3 的结点，所以不存在欧拉通路，因此不能一笔画。

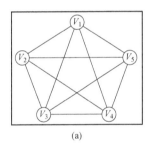 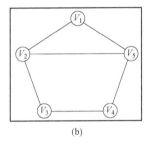 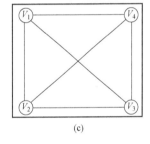

(a)　　　　　　　　　　(b)　　　　　　　　　　(c)

图 3 - 10

3.4.2 蚂蚁比赛问题

【例 3 - 9】 甲、乙两只蚂蚁分别位于图的结点 A、B 处，并设图中的边长度相等。甲、乙进行比赛，从它们所在的结点出发，走过图中所有边，最后到达结点 C 处，如果它们的速度相同，问谁先到达目的地？

由于两只蚂蚁速度相同，图中边长度相等，因此谁走的边数少谁先到达目的地。图中只有两个奇度数结点 B 和 C，因此存在欧拉通路，由于欧拉通路是经过图中所有边的通路中边数最少的通路，因此能够走欧拉通路的必定获胜。而蚂蚁乙所处的结点 B 和目的地 C 正好是欧拉通路的两个端点，所以乙获胜。

解 如图 3 - 11 所示，仅有两个度数为奇数的结点 B、C，因而存在从 B 到 C 的欧拉通路，蚂蚁乙走到 C 只要走

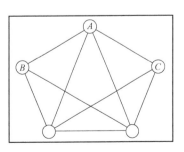

图 3 - 11 蚂蚁比赛图

一条欧拉通路，边数为 9 条，而蚂蚁甲要想走完所有的边到达 C，至少要先走一条边到达 B，再走一条欧拉通路，因而它至少要走 10 条边才能到达 C，所以乙必胜。

3.5 哈密顿图的应用

连接两个城市之间的高速公路网很容易用图模型化，图也可以用来表示连接两个城市之间的航空路线。有这样的一个问题，一个人是否可以乘坐适当的航班，以一个城市为起点不重复地经过每一个城市并返回最开始的城市？然而，存在更有趣并相当具有挑战性的问题，假设在任意两个城市之间都有联结这两个城市的航班，我们也知道每两个城市飞机路线的距离（也可能是航班票价），在这样的一个旅程中总路程最短是多少？这类问题被称为旅行商问题（也称"货郎担问题"或"TSP 问题"）。

一个销售员想要做一次巡回旅行造访一些城市，他知道每两个城市之间的距离，如果他每个城市只参观一次，那么这次巡回旅行的最短距离是多少？

这类问题可以用加权图来表示，加权图是图 G 的每条边都指定一个确定的正实数 e，记作 $\omega(e)$。旅行商问题可以用加权图表示，其中顶点表示城市，如果知道顶点 u 和顶点 v 的距离为 r，连接 u 和 v 这两个顶点边权重就是 r。在图 G 中的一个圈 C 的权指的是 C 中所有边的权重之和。为了解决旅行商问题，需要确定 G 中哈密尔顿圈的最小权值，确切地说图 G 中必须包含一个哈密尔顿圈，这个问题才有解；然而如果 G 是完全图（即知道每两个城市之间的距离）且阶 n 很大，那么在 G 中有许多哈密尔顿圈，因为每个城市必然位于每个哈密尔顿圈中，那么可以规定哈密尔顿圈的起点和终点都是城市 c。

这就说明了剩余的 $n-1$ 个城市都在圈上，接着 c 排成一队，共有 $(n-1)!$ 种排列方式。事实上，如果用其中一种方式排列这 $n-1$ 个城市，对这个序列中每两个相邻城市的距离求和，当然也包括 c 和序列中最后一个城市的距离；那么需要计算这 $(n-1)!$ 个和的最小值。而事实上，仅需要找到 $(n-1)!/2$ 个求和结果中的最小值，因为如果这个序列被反序列排列时，将得到一个相同的和，不幸的是 $(n-1)!/2$ 这个数增长的十分迅速，例如当 $n=10$ 时，$(n-1)!/2=181440$。

旅行商问题的重要性在于日常生活中大量的问题与之有关，下面举几个例子：

（1）每天早上校车在一些公交站点接学生，知道一个用最少时间的路线是十分重要的（以最快的时间接学生到学校的同时还能减少油的花费）；

（2）每天傍晚，餐馆货车给订餐的人们送餐；

（3）每天邮递员从邮局出发给每个邮箱送信。

有很多应用与旅行没有关系，但是在一些日常活动中，会用到环排列使其花费最少或者用时最短。

通常，旅行商问题是一个十分复杂的问题，尽管如此，对于很大数目的城市群，旅行商问题已经被解决并加以应用，例如在 1998 年，戴维·阿普尔盖特（David Applegate）、罗伯特·比克斯比（Robert Bixby）、瓦塞克·赫瓦塔尔（Vašek Chvátal）和威廉·库克（William Cook）解决了美国 13509 个大城市之间的旅行商问题（当时这些城市人口数都超过 500 万）。他们也在 2001 年解决了德国 15113 个城市间的旅行商问题，同时于 2004 年解决了瑞典 24978 个城市之间的旅行商问题，他们的终极目标是解决世界范围内已注册的城市或城镇之间的旅行商问题，这些地方加上南美洲的科考基地共有 1904711 个地点。在 2007 年，他们四个人合著了《旅行商问题》一书，描述了他们解决这一系列大规模问题的方法；在 2012 年，库克为读者写了《旅行商问题的探索》一书。

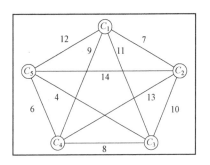

图 3-12　城市间巡回旅行图

【例 3-10】　一个推销员计划在一些城市间巡回旅行，城市间的距离采用如图 3-12 所示的加权图 G 表示，那么他这次旅行的最小距离为多少？

解　因为 G 是 5 阶的图，而 $(5-1)!/2=12$，即在 G 中有 12 个哈密尔顿圈，把每个圈及其权重列表见表 3-1。

表 3-1　　　　　　　　　　[例 3-10] 解题表

哈密顿圈	圈的权重
$s_1 = (c_1, c_2, c_3, c_4, c_5, c_1)$	$7+10+8+6+12=43$
$s_2 = (c_1, c_2, c_3, c_5, c_4, c_1)$	$7+10+4+6+9=36$
$s_3 = (c_1, c_2, c_4, c_3, c_5, c_1)$	$7+13+8+4+12=44$
$s_4 = (c_1, c_2, c_4, c_5, c_3, c_1)$	$7+13+6+4+11=41$
$s_5 = (c_1, c_2, c_5, c_3, c_4, c_1)$	$7+14+4+8+9=42$
$s_6 = (c_1, c_2, c_5, c_4, c_3, c_1)$	$7+14+6+8+11=46$
$s_7 = (c_1, c_3, c_2, c_4, c_5, c_1)$	$11+10+13+6+12=52$
$s_8 = (c_1, c_3, c_2, c_5, c_4, c_1)$	$11+10+14+6+9=50$
$s_9 = (c_1, c_3, c_4, c_2, c_5, c_1)$	$11+8+13+14+12=58$
$s_{10} = (c_1, c_3, c_5, c_2, c_4, c_1)$	$11+4+14+13+9=51$
$s_{11} = (c_1, c_4, c_2, c_3, c_5, c_1)$	$9+13+10+4+12=48$
$s_{12} = (c_1, c_4, c_3, c_2, c_5, c_1)$	$9+8+10+14+12=53$

因此，从表 3-1 中可读出哈密尔顿圈的最小权重为 36，为了获得这个加权，G 中的点应按照 s_2 序列访问，即 c_1，c_2，c_3，c_5，c_4，c_1 的顺序或者 c_1，c_4，c_5，c_3，c_2，c_1。

第四章 复杂网络分析概述

4.1 复杂网络介绍

4.1.1 复杂网络的概念

复杂网络是指由大量节点和节点之间的连接所构成的网络结构，具有复杂的拓扑结构和功能特性。与简单网络相比，复杂网络具有更多的节点和连接，节点之间的连接关系更加多样化和复杂化。目前学术界关于复杂网络（Complex Network）并没有统一的定义，一般认为具有自组织、自相似、小世界和无标度中的部分或者全部性质的网络。

复杂网络的研究领域主要包括网络科学和复杂系统科学，它在物理学、计算机科学、社会学、生物学等多个学科中都有广泛的应用。复杂网络具有许多独特的性质和特征，例如小世界性、无标度性和模块化等。

小世界性是指复杂网络中的节点之间的平均距离相对较短，节点之间的路径长度较短，而且大部分节点之间可以通过较少的中间节点相互连接，这种特性使得信息在复杂网络中的传播速度相对较快。

无标度性是指复杂网络中，少数节点拥有极高的度数，而大部分节点的度数较低。也就是说，复杂网络中存在少数节点，它们拥有大量的连接，而其他节点只有很少的连接。这种特性在许多真实的网络中都得到了验证，例如社交网络中的少数名人节点拥有大量的粉丝。

模块化是指复杂网络可以分为多个紧密连接的子网络，每个子网络内部的连接比较密集，而不同子网络之间的连接比较稀疏。模块化的存在使得复杂网络在功能上可以分为多个独立的模块或子系统，这些子系统之间相互协作，形成整个网络的功能。

复杂网络的研究对于了解和解决许多现实世界中的问题具有重要意义，例如社交网络分析、疾病传播模型、互联网结构分析等。通过研究复杂网络，可以深入了解网络结构和功能的原理，以及网络中的信息传播和动力学过程。

4.1.2 复杂网络与传统网络的区别

节点和连接数量。复杂网络相对于传统网络来说，节点和连接的数量更多，通常由大量的节点和连接组成，而传统网络往往较小且简单，节点和连接的数量较少。

连接的多样性。复杂网络的连接关系更加多样化和复杂化。传统网络中的连接通常是均匀或随机的，而复杂网络中的连接关系可以是非均匀，呈现一定模式或规律。

复杂网络通常是动态的，节点和连接的状态可以随时间变化，这种动态性在传统网络中通常较少或不具备。

由于复杂网络的结构和特性，它们在功能和行为上与传统网络有所不同。复杂网络具有更好的容错性、鲁棒性和适应性，能够更好地应对节点失效、攻击和环境变化等挑战。

总而言之，复杂网络相较于传统网络来说，具有更多的节点和连接，连接关系更加多样化和复杂化，具有特殊的结构特征和动态性。通过研究复杂网络，可以深入理解复杂系统的行为和性质，应对各种现实世界中的复杂问题。

4.1.3 复杂网络在研究中的地位

复杂网络可以看成是复杂系统的骨架，对应于一个复杂系统，一般可以从 2 个维度思考，第 1 个维度指这个系统的自由度，也就是这个系统的组成成分的数目；第 2 个维度是相互作用，也就是看在作用当中出现了哪些线性到非线性的转变。如图 4-1 所示的人类大脑就属于复杂程度比较高的一个系统，从第 1 个维度看在这样的系统当中组成成分是非常多；从第 2 个维度看，神经元在不同层次上出现了从线性到非线性作用的转换。

一个系统可以抽象成一个网络，这个网络可以反映元素之间的相互作用；而理解一个复杂系统就要分解成个体，并去理解个体是如何通过相互作用进行组合的。复杂网络分析非常重要，因为一个网络的结构会影响到这个系统的功能，而系统的功能反过来也会影响到结构。研究复杂系统时应该考虑个体之间的关联和作用，理解复杂系统的行为可以从理解系统相互作用网络的拓扑结构开始。因此网络拓扑结构的信息是研究系统性质和功能的基础。

复杂网络是研究复杂系统的一种角度和方法，它关注系统中个体相互关联作用的结构，是理解复杂系统性质和功能的一种途径。一个复杂系统，它是由大量的抑制元素组成，并且这些元素之间存在着多种多样的相互作用关系，若将它抽象成复杂网

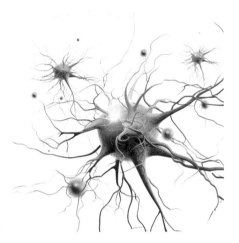

图 4-1 人类大脑神经元示意图

络，相应的元素抽象成个体，它们之间的相互作用则可以抽象成网络当中的连边，例如在技术领域，有大家所熟悉的铁路网和电力网（如图 4-2、图 4-3 所示）。

图 4-2 全国铁路网

图 4-3 中国特高压网络

对应于社会网络，有科学家引文网或社交网络等（如图 4-4 所示）；对应于交通运输系统，有航空网、城市公共交通网以及道路交通网；在生物领域，可以对应于不同层次的生物系统搭建相应的生物网络；在实际的系统当中，还有很多隶属于不同的领域中的网络，比如

图 4-4　科学家引文网

说国际贸易网；以上实例可说明，我们可以借助相应的网络模式来对相应系统进行研究。

4.1.4　复杂网络发展历程

复杂网络的发展历程可以追溯到 20 世纪 50 年代和 60 年代的数学和社会网络理论研究。在那个时期，数学家们开始研究一些复杂的现实世界网络，例如电力网络和社会交互网络，以了解它们之间的连接模式和特性。

复杂网络理论的快速发展主要可以追溯到 20 世纪 90 年代以及后来的几十年。在这一时期，科学家们开始将复杂网络理论应用到各个领域，包括社会科学、生物学、物理学和计算机科学等。

1998 年，一篇由 Duncan Watts 和 Steven Strogatz 发表，在线出版的论文《复杂网络的开发及其行为》中提出了"小世界网络"概念，对描述许多实际网络中存在的短路径和高聚集特性起到了关键作用，这一概念激发了对网络研究的广泛兴趣，并加速了复杂网络理论的发展。

在随后的几年里，科学家们提出了大量的网络模型和算法，用于研究复杂网络的结构和行为，其中最著名的是由 Barabási 和 Albert 于 1999 年提出的"无标度网络"模型，该模型能够解释许多实际网络中存在的"富者愈富"现象，即网络中一些节点的连接度远远超过其他节点。

复杂网络理论的发展还推动了新的研究领域的出现，例如社交网络分析、网络动力学和网络优化等；除此之外，复杂网络理论也被应用于解决许多实际问题，包括疾病传播、信息传播、交通流量优化等。

总的来说，复杂网络的发展历程经历了数十年的探索和研究，在理论、应用和方法方面取得了显著进展，并在许多领域产生了重要影响。对应于复杂网络的兴起，可以从 3 个方面理解：①计算机技术的发展促使了各种系统数据建网，可以采用这些海量数据进行实证研究；②理论层面上发现了一些朴实性规律，即所谓的实际网络，具有相同的定性性质，而这些性质是不能用已有的理论来进行解释的；③随着朴实性规律理论的发展，相应的出现了小世界网络模型，无标度网络模型等，而且在最初有关于复杂网络的研究中，为统计物理学的研究手段提供了帮助。复杂网络研究所关心的一些问题如下：

1）如何对实际系统建立复杂网络模型？

2）如何定量的刻画复杂网络？

3）网络是如何演化成现在这种结构？

4）探讨网络的结构和功能之间的关系？

4.1.5　常用的社会网络

1. 空手道俱乐部数据集

空手道俱乐部（Zachary's Karate Club network）数据集最初由 Wayne W. Zachary 于 1977 年收集和发布，目的是研究加州南部一个空手道俱乐部成员之间的社交关系。这个网络由 34 个节点（俱乐部成员）和 78 条边（成员之间的关系）组成，节点代表俱乐部成员，边代表成员之间的关系，这些关系通常基于成员之间的互动建立，例如频繁的训练合作、社交互动等（如图 4 - 5 所示）。

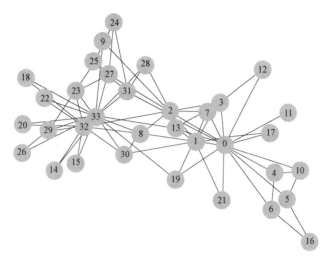

图 4 - 5　空手道俱乐部社交关系

空手道俱乐部已经成为研究社交网络、图论和复杂网络的经典案例之一，许多研究者使用它来探索社交网络中的社群结构、节点的重要性和网络的演化过程。它可以帮助研究者理解社交网络中的社区结构、节点之间的联系以及网络中的紧密度和分离度等概念，通过分析这个网络，研究者可以揭示社会关系、社交影响力和网络动态演化等方面的模式和特征。

研究者对空手道俱乐部关系网络进行分析时发现了一些有趣的结果，该俱乐部遭遇了内部冲突，并分裂成两个独立的俱乐部，相应的这次分裂在网络中可以清晰地看到产生了两个明显不同的社群（如图 4 - 6 所示）。

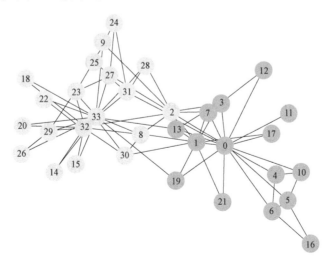

图 4 - 6　分裂后的空手道俱乐部

研究者通过分析这个分裂过程发现，分裂前存在着的某种紧张局势，最终导致了在整个网络中发挥了重要的角色的两位核心成员之间的冲突；当冲突加剧时，其他成员开始依据他们的忠诚度和亲近度选择加入其中一个分裂出的俱乐部，这个过程最终导致了整个俱乐部的分裂。

这项研究对于理解网络中社群结构、节点的重要性以及群体冲突的影响具有重要意义。它提供了一个实例，说明了社交网络中的紧密度和分离度对于整体结构和稳定性的影响。此外，这项研究还强调了核心成员的重要性，以及冲突对社交网络动态的影响，其结果对于许多领域都具有实际应用的潜力。在社交网络分析中，它可以帮助我们理解社交网络中的社群形成和分裂过程，并为社交网络营销、影响力传播等领域提供洞察；此外，在组织管理和社交动力学领域，这项研究也可以为团队合作、组织变革等方面提供有价值的见解。

2. 戴维斯南方妇女社交网络数据集

戴维斯南方妇女社交网络（Davis Southern women social network）数据集最初由 Elizabeth B. Davis 于 1941～1942 年期间收集并记录，旨在研究 20 世纪 30 年代美国南方社交圈中妇女之间的社交关系。该社交网络包含了 32 个妇女的节点和 89 条边，节点代表研究对象——南方妇女，边代表妇女之间的社交联系（如图 4-7 所示），建立社交联系是基于一系列因素，包括共同的兴趣、邻居关系、家族关系和友谊等。

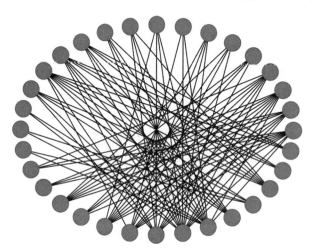

图 4-7　戴维斯南方妇女社交网络

戴维斯南方妇女社交网络的研究对了解社交网络中的社交群体提供了珍贵的洞察力。研究者分析了网络的拓扑结构，如节点的度中心性、中介中心性和紧密中心性等指标；此外，他们还研究了社交网络的动态演化，例如连接的增加或消失，以及网络中节点的角色和影响力，揭示了妇女社交网络的一些特点和结构。研究发现，网络中存在着一些社交子群，这些子群之间的联系较少，表明在这个社交网络中，妇女之间的社交联系主要集中在小规模的社交圈子内部，而出现这种现象可能与地理位置、社会文化背景和个体兴趣等因素有关。

通过这项研究，发现了一些有趣的事实和模式，他们观察到网络中存在着一些密切联系的小社群，这些社群内部的联系要比社群之间的联系更为紧密。此外，研究还揭示了网络中的一些关键节点，这些节点在整个网络中具有较高的中心性和影响力。

戴维斯南方妇女社交网络的研究对社交网络和社会学领域有着重要的影响，它为社交网络理论提供了一个实际案例，帮助我们理解社交网络中的群体和个体之间的关系。此外，研究还为社会学家提供了关于社交网络和社会联系的宝贵信息，帮助他们更好地理解社交关系对个体和社会的影响。

该数据集在社交网络分析、社会网络理论、社会学研究以及计算社会科学等领域得到广泛使用。研究者可以利用该数据集验证社交网络分析算法，探索社交关系的演变，研究群体形成和分化等问题。此外，它还可以应用于社交网络营销、社会影响力研究、人际关系管理等实际应用领域。

4.2　复杂网络的静态指标

4.2.1　度

在复杂网络中，度（Degree）是指一个节点所连接的边的数量。一个节点的度数越高，表示该节点与其他节点的连接越多，例如在微信里度的概念就相当于微信里有多少好友，而放在复杂网络当中就成了复杂网络当中的度。如图 4-8 所示，用 k 来表示度，那么 1 号节点 $k_1=1$，2 号节点 $k_2=3$，3 号和 4 号节点度值相等为 2（$k_3=k_4=2$）。

4.2.2　平均度

在一个网络中，平均度（Average Degree）是指所有节点的度数总和除以节点的数量，来描述整个网络中节点的平均连接数量。当平均度较高时，意味着网络中的节点之间具有较多的连接。

对于有 N 个节点的网络，假设每个节点的度数分别为 k_1，k_2，$\cdots$，k_n，那么网络的平均度有以下两种计算公式

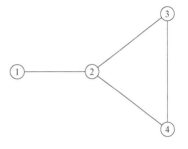

图 4-8　度案例

$$\bar{k}=\frac{1}{N}\sum_{i=1}^{N}k_i \quad 或 \quad \bar{k}=\frac{2L}{N}$$

式中：N 为图中的节点数；L 为图中的连边数。

由此可以计算图 4-8 的平均度。平均度可以用来量化网络的稠密程度或平均连接性，当平均度较高时，表示节点之间具有较多的连接，网络比较密集；当平均度较低时，表示节点之间的连接较为稀疏。

$$\bar{k}=\frac{1}{4}\times(2+2+1+3)=2 \quad 或 \quad \bar{k}=\frac{2\times 4}{4}=2$$

平均度是复杂网络中常用的指标之一，它可以反映网络的整体特性。在图论和网络科学中，研究平均度可以理解网络的拓扑结构、动力学过程和信息传播等方面的特性；同时，平均度也可以用来比较不同网络之间的连接密度以及研究网络的演化和优化等。如表 4-1 所示，空手道俱乐部网络的平均度为 4.6，戴维斯南方女性社交网络的平均度为 5.6。

表 4-1　　　　　　　　　　不同网络的平均度

网络	节点	连边	方向	节点数 N	连边数 L	平均度 $\bar{k}$
空手道俱乐部	人	人际关系	无向	34	78	4.6
戴维斯南方女性社交网络	人	人际关系	无向	32	89	5.6

4.2.3　度分布

度分布（Degree Distribution）是指复杂网络中各个节点的度数的频率分布或概率分布，用于描述网络中不同度数的节点的数量或比例，即不同度数节点出现的概率。度分布通常可以用概率质量函数或概率密度函数来表示，对于离散网络，度分布可以表示为一个概率质量函数，其中横轴表示节点的度数，纵轴表示对应的概率或频率；对于连续网络，度分布可以表示为一个概率密度函数，在横轴上表示节点度数的取值范围。将网络中节点的度值从小到

大排列，统计度值为 k 的节点占整个网络的节点数的比例 $p(k)$，即

$$p(k) = \frac{N_k}{N}$$

式中：N_k 为度为 k 的节点数目；N 为网络中的节点总数。

如图 4-9 所示，给出的两个例子其平均度都为 2，但其度分布并不相同。

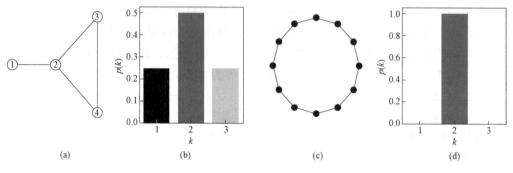

图 4-9　度分布示意图

在一些网络中，度分布呈现出特定的形式，如服从幂律分布，正态分布或泊松分布，这取决于网络的特性和生成机制。而对于规则网络来说，其度分布反映了网络中节点之间连接的均匀性和集中性。

如图 4-10 所示，图中包含了 15 个节点的全连接网络，其每个节点的度都为 14。

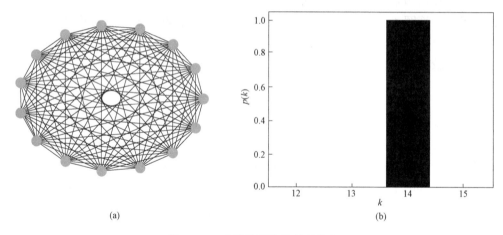

图 4-10　全连接网络及其度分布

对于最近邻网络来说每个节点的度也相同，如图 4-11 所示，给出了一个拥有 10 个节点的最近邻网络（$n=2$）及其度分布统计图。

而对于星形网络，不难看出中间的节点为一个特殊点，其度值为 $n-1$，而其他点度值则均为 1，其度分布如图 4-12 所示。

度分布对于理解和描述复杂网络的结构和行为具有重要意义，可以用来揭示网络中节点的连接性质、网络中的关键节点以及网络的鲁棒性和脆弱性等方面的信息；同时，度分布也为模型的设计和网络优化提供了重要的指导。

度、平均度和度分布是研究和描述复杂网络结构的重要概念，可以用来描述和理解网络

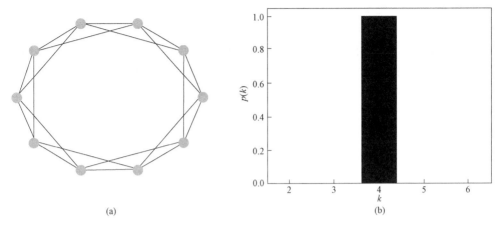

图 4-11 最近邻居网络及其度分布

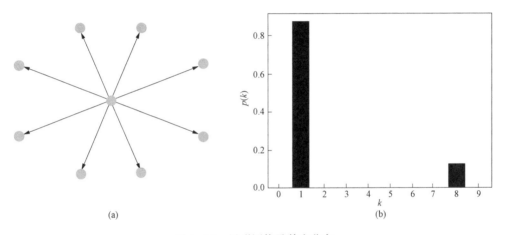

图 4-12 星形网络及其度分布

中存在的一些关键节点，节点之间的连接模式，网络的整体连接性，以及网络，这些概念在网络科学和复杂系统研究中具有广泛的应用。

4.3 度的相关性

在网络理论中，度的相关性是一个重要的研究领域，可用来理解网络的结构和功能，并揭示节点之间的关联模式。度的相关性是指节点的度之间是否存在关联，如果网络中的节点度数之间呈现出明显的关联，那么网络要么存在高度集群化，要么存在某种规则结构。例如，在社交网络中，度大的节点往往倾向于连接度大的节点，那么节点就会出现正向的度相关。度的相关性可分为同配性，中性和异配性。

同配性。网络中度大的节点倾向于与度大的节点相连，度小的节点则倾向于与度小的节点相连，这在社交网络，互联网及生物网络中非常常见。在同配性网络中，度大的节点形成了一个高密度互连的核心，结构稳定，但是对于目标攻击更容易受到破坏。

中性。在网络中节点的连接不受其度值的影响，即度相近或相远的节点连接的概率差不多，在某些特定类型的随机网络中可能表现出这样的特性。

异配性。即网络中度大的节点倾向于与度小的节点相连，度小的节点倾向于与度大的节点相连，这种现象常出现于技术网络，如电力网和生态网络。异配性网络的特点是结构稳定性较强，轻易不受随机或有针对性的攻击，但是功能传递效率较低。

研究结果表明众多的社会关系网络，如论文合作网和演员合作网呈现出同配特征，信息网络和神经网络则表现出异配性，而常用的 ER 随机网络则没有任何倾向。度的相关性是网络拓扑结构特性的重要指标，对于理解和描述复杂网络的拓扑结构，以及研究网络的动力学行为具有很重要的意义。常用的测量度的相关性的方法包括热力图（Heat map），线性拟合（Linear Fitting），以及皮尔逊相关系数（Pearson correlation coefficient）等。

4.3.1　热力图

热力图（Heat map）是一种数据可视化技术，它通过颜色的变化来表示数据矩阵中的数值大小，这种图通常用于展示大量数据点的集中趋势，例如表示二维平面上某些事件的密度，或者展示各种变量之间的相关性。生成热力图流程如下：

（1）数据矩阵：热力图基于一个数据矩阵，矩阵中的每个元素代表了数据点的值。

（2）色彩编码：将数据点的数值映射到一个色彩范围，这个范围可以从冷色调（如蓝色）到暖色调（如红色）渐变，其中冷色代表数值低，暖色代表数值高，这个映射是线性的或者基于某种数值分布进行的非线性映射。

（3）数值归一化：在映射之前通常需要将数据归一化，确保色彩编码的一致性，尤其是在比较不同的热力图时。

（4）可视化构建：构建热力图时，数据矩阵中的每个单元都被映射为一个彩色的方格，方格的颜色取决于其对应的数值。

如图 4-13 所示足球比赛网络，ER 随机网络和戴维斯南方女性社交网络的度相关热力图，可以明显地看到足球比赛网络符合同配性，ER 随机网络属于中性网络，而戴维斯南方女性社交网络属于典型的异配网络。

4.3.2　线性拟合（Liner Fitting）

平均邻居度（Average Neighbor Degree）是用于衡量网络中节点邻居的平均度的指标。通过平均邻居度可以观察到节点周围邻居节点的连接性质，如果一个节点的平均邻居度较高，说明其邻居节点具有较高的度数，即节点周围的节点往往连接较多的其他节点，这对于了解节点在网络中的影响力、社区结构等方面具有一定的指导意义。计算节点的平均邻居度，可以采用最小二乘法进行线性拟合。

$$y = ax + b$$

x 是节点的度分布，y 是节点的平均邻居度，当 $a \gg 0$ 时，网络为同配；当 $a \approx 0$ 时，网络为中性；当 $a \ll 0$ 时，网络为异配。仍以足球比赛网络、ER 随机网络和戴维斯南方女性社交网络为例，说明其度和平均邻居度的关系。如图 4-14 所示，足球网络比赛 $a > 0$ 为同配，ER 随机网络 $a \approx 0$ 为中性，戴维斯南方女性社交网络 $a < 0$ 为异配。

4.3.3　皮尔逊相关系数

皮尔逊相关系数（Pearson correlation coefficient），是一种衡量两个变量之间线性相关程度的统计量，在统计学中，被广泛用于衡量两个连续变量之间的线性相关性以及其强度和方向。皮尔逊相关系数的取值范围介于 $-1 \sim 1$ 之间，当取值为 1 时，表示完全正相关；而

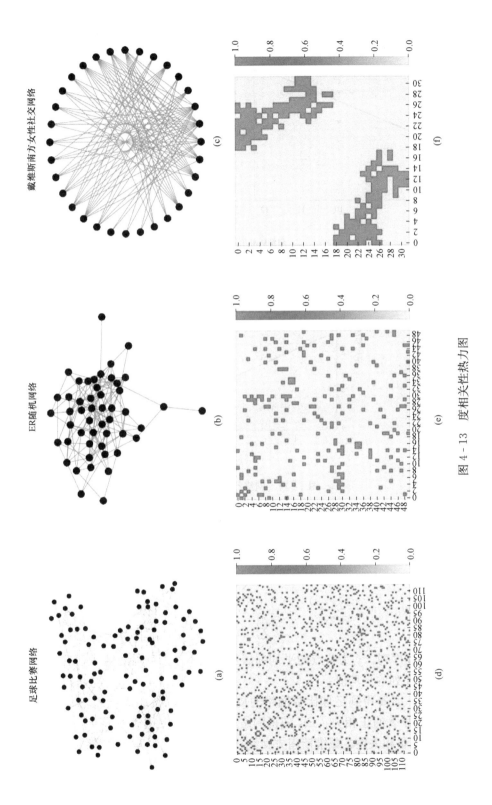

图 4 - 13 度相关性热力图

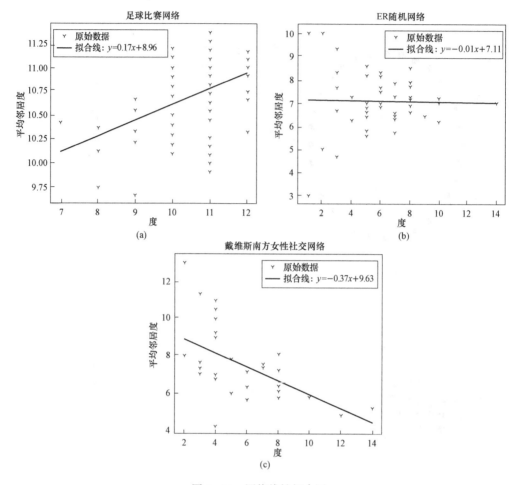

图 4 - 14　网络线性拟合图

取值为 −1 时，表示完全负相关；取值为 0，则表示无相关性；值越接近于 1 或 −1，相关性越强；值越接近于 0，相关性越弱或不存在。两个变量之间的皮尔逊相关系数定义为两个变量之间的协方差和标准差的商，计算公式如下

$$r_{(x,y)} = \frac{\text{cov}(x,y)}{\sigma_x \sigma_y} = \frac{\sum\limits_{i=1}^{n} (x_i - \bar{x})(y_i - \bar{y})}{\sqrt{\sum\limits_{i=1}^{n} (x_i - \bar{x})^2} \sqrt{\sum\limits_{i=1}^{n} (y_i - \bar{y})^2}}$$

式中：x_i 为节点的度序列；y_i 为节点的平均邻居度序列；$\bar{x}$ 为节点的度序列的平均值；$\bar{y}$ 为节点的平均邻居度序列的平均值。

利用上述公式，计算得到足球比赛网络的皮尔逊相关系数 $r_{(x,y)} = 0.421$，介于 0～1 之间，表明其呈现出显著的正相关；ER 随机网络的皮尔逊相关系数 $r_{(x,y)} = -0.016$，接近于 0，表明其基本不具备相关性；戴维斯南方女性社交网络的皮尔逊相关系数 $r_{(x,y)} = -0.549$，介于 −1～0 之间，呈现出负相关性。

4.4　路径、直径、平均最短路径长度、介数

4.4.1　路径

在复杂网络中，路径指的是连接网络中两个节点的一系列连边，路径可以是直接连接的，也可以经过其他节点的间接连接。复杂网络中的路径长度是指从起始节点到目标节点所经过的边的数量，如图 4 - 15 所示，图（b）、（c）为图（a）的两条路径。

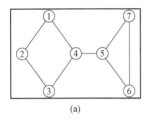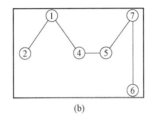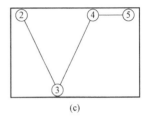

（a）　　　　　　　　　　（b）　　　　　　　　　　（c）

图 4 - 15　图及其路径

在复杂网络中，最短路径最为重要，即连接两个节点的路径中所经过的边最少的路，对于赋权图就是长度或者权重之和最小的路。1959 年 Dijkstar E W 提出的标号法，也称 Dijkstra 算法，为常用的寻找最短路径算法。若设赋权有向图 G 的起点为 v_1，终点为 v_k，算法的基本思想是从 v_1 开始，给每一个顶点标一个数，称为标号，这些标号又进一步区分为 T 标号和 P 标号两种类型。其中，每一个顶点的 T 标号表示从起点 v_1 到该点的最短路径长度的上界，这种标号为临时标号；P 标号表示从 v_1 到该点的最短路长度，这种标号为固定标号。在最短路径计算过程中，对于已经得到 P 标号的顶点，不再改变其标号；对于没有标上 P 标号的顶点，先给其一个 T 标号。算法的每一步就是把顶点的 T 标号逐步修改，将其变为 P 标号；那么最多经过 $k-1$ 步就可以求得从起点 v_1 到每一个顶点的最短路径及其长度。标号法的具体计算步骤如下：

开始，先给 v_1 标上 P 标号 $P(V_1)=0$，对其余各点，均标上 T 标号

$$T(v_j)=+\infty(j\neq 1)$$

（1）如果刚刚得到 P 标号的点是 v_1，那么对于所有这样的点 $\{v_j\,|\,v_i,v_j\,|\in E\}$，而且 v_j 的标号是 T 标号，将其 T 标号修改为

$$\min\{T(v_j),P(v_i)+\omega_{ij}\}$$

（2）若 G 中已经没有 T 标号，则停止计算。否则计算所有 T 标号的最小值，如果

$$T(v_{j_0})=\min T(v_j)$$

则把点 v_{j_0} 的 T 标号修改为 P 标号，即令 $P(v_{j_0})=T(v_{j_0})$，然后再转入（1）。

【例 4 - 1】　如图 4 - 16 所示的赋权有向交通网络图中，每一个顶点代表一个城镇，每一条边代表相应两个城镇之间的交通线，其长度用旁边的数字表示，求城镇 v_1 到 v_7 之间的最短路径？

解　首先给 v_1 标上 P 标号 $P(v_1)=0$，表示从 v_1 到 v_1 的最短路径长度为零。对其他点，标上 T 标号，$T(v_j)=+\infty$（2，3，…，7）。

第一步：v_1 是刚得到 P 标号的点。因为 $(v_1,v_2)\in E$，$(v_1,v_3)\in E$，$(v_1,v_4)\in E$，

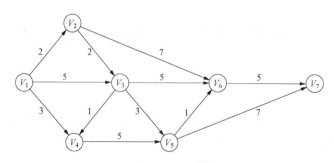

图 4 - 16　赋权有向交通网络图

而且v_2，v_3，v_4是 T 标号，所以修改这三个点的 T 坐标为

$$T(v_2) = \min\{T(v_2), P(v_1) + \omega_{12}\} = \min\{+\infty, 0 + 2\} = 2$$

$$T(v_3) = \min\{T(v_3), P(v_1) + \omega_{13}\} = \min\{+\infty, 0 + 5\} = 5$$

$$T(v_4) = \min\{T(v_4), P(v_1) + \omega_{14}\} = \min\{+\infty, 0 + 3\} = 3$$

在所有 T 标号中，$T(v_2) = 2$ 最小，于是令 $P(v_2) = 2$。

第二步：v_2是刚得到 P 标号的点。因为$(v_2, v_3) \in E$，$(v_2, v_6) \in E$，而且v_3与v_6是 T 标号，故修改它们的 T 标号为

$$T(v_3) = \min\{T(v_3), P(v_2) + \omega_{23}\} = \min\{5, 2 + 2\} = 4$$

$$T(v_6) = \min\{T(v_6), P(v_2) + \omega_{26}\} = \min\{+\infty, 2 + 7\} = 9$$

在所有 T 标号中，$T(v_4) = 3$ 最小，于是令 $P(v_4) = 3$。

第三步：v_4是刚得到 P 标号的点。因为$(v_4, v_5) \in E$，而且v_5是 T 标号，故修改它的 T 标号为

$$T(v_5) = \min\{T(v_5), P(v_4) + \omega_{45}\} = \min\{+\infty, 3 + 5\} = 8$$

在所有 T 标号中，$T(v_3) = 4$ 最小，于是令 $P(v_3) = 4$。

第四步：v_3是刚得到 P 标号的点。因为$(v_3, v_5) \in E$，$(v_3, v_6) \in E$，而且v_5与v_6是 T 标号，故修改它们的 T 标号为

$$T(v_5) = \min\{T(v_5), P(v_3) + \omega_{35}\} = \min\{8, 4 + 3\} = 7$$

$$T(v_6) = \min\{T(v_6), P(v_3) + \omega_{36}\} = \min\{9, 4 + 5\} = 9$$

在所有 T 标号中，$T(v_5) = 7$ 最小，于是令 $P(v_5) = 7$。

第五步：v_5是刚得到 P 标号的点。因为$(v_5, v_6) \in E$，$(v_5, v_7) \in E$，而且v_6与v_7是 T 标号，故修改它们的 T 标号为

$$T(v_6) = \min\{T(v_6), P(v_5) + \omega_{56}\} = \min\{9, 7 + 1\} = 8$$

$$T(v_7) = \min\{T(v_7), P(v_5) + \omega_{57}\} = \min\{+\infty, 7 + 7\} = 14$$

在所有 T 标号中，$T(v_6) = 8$ 最小，于是令 $P(v_6) = 8$。

第六步：v_6是刚得到 P 标号的点。因为$(v_6, v_7) \in E$，而且v_7是 T 标号，故修改它的 T 标号为

$$T(v_7) = \min\{T(v_7), P(v_6) + \omega_{67}\} = \min\{14, 8 + 5\} = 13$$

目前只有v_7是 T 标号，故令 $P(v_7) = 13$。

至此，图 4 - 15 中的所有点都标上了 P 标号，求解结束。显然从城镇v_1到城镇v_7之间的最短路径为$(v_1, v_2, v_3, v_5, v_6, v_7)$，最短路径长度为 13。总之，路径分析是复杂网络研

究中的重要内容，可以帮助理解网络结构和功能，并为网络中信息传播、传输和动力学过程提供理论基础。

4.4.2　直径和平均最短路径长度

网络的直径是指网络中所有节点间最短路径中最大的距离，它表示了网络中最远的两个节点之间的距离。直径越小，表示网络中节点之间的最短路径相对较短，通信延迟较低，网络更加紧密和高效。

网络的平均最短路径长度（平均距离）是指网络中所有节点之间最短路径长度的平均值，它衡量了网络中节点之间的整体距离关系。平均距离越小，表示网络中节点之间平均距离较短，通信效率更高。

如图 4-17 所示，下面进一步探讨上一节所提到的全连接网络、最近邻接网络和星形网络的最短路径长度及其直径。

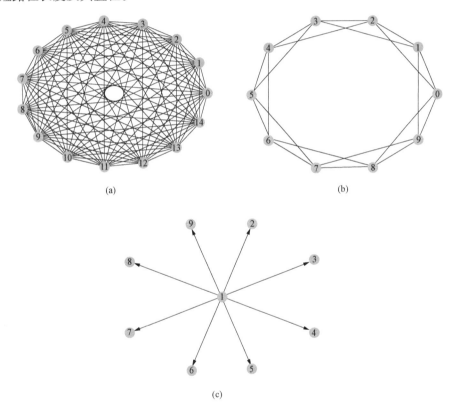

图 4-17　全连接网络，最近邻居网络和星形网络

全连接网络由于每两个节点都存在一条边与之连接，所以可以定义全连接网络的平均距离 $\bar{d}=1$，同时直径也为 1。

K 阶最近邻居网络其平均距离公式 $\bar{d} \approx \dfrac{1}{\left(\dfrac{N}{2}\right)} \sum\limits_{m=1}^{\frac{N}{2}} \left[\dfrac{2m}{K}\right] \approx \dfrac{N}{2K}$，当最近邻居网络中节点趋

近于无穷时，其最短路径长度为 $\bar{d} \approx \dfrac{N}{8}$。对应于图 4-17（b）给出的一个拥有 10 个节点，平均度为 4 的 2 阶最近邻接网络，计算得到平均距离 $\bar{d}=0.8$，由于图 4-17（b）中的任意

两个节点之间最大距离为 3，所以其直径为 3。

星形网络其平均距离公式为 $\bar{d}=2-\dfrac{2(N-1)}{N(N-1)}$，当星形网络的节点趋近于无穷时，平均距离长度为 $\bar{d}=2$，根据公式可以计算出图 4-17（c）给出的有向星型网络的平均距离为 1.8，由于此星形网络为有向网络，从中心节点到任意一个节点的距离均为 1，所以该星形网络直径等于 1。

在复杂网络中，直径和平均最短路径长度可以提供有关网络结构和性能的关键洞察。例如直径较大的网络可能导致信息传递的延迟，而较小的平均距离可能提供更好的联通性和信息传播效率。因此，在复杂网络的研究和设计中，研究直径和最短路径长度可以帮助我们了解网络的连通性、效率和性能特征。

4.4.3　介数（Betweenness）

复杂网络中的介数是网络中节点或者边中心性的度量，介数根据不同的性质可分为传播性介数（Communicability Betweenness）、电流介数（Current Flow betweenness）以及最短路径介数（shortest path betweenness）等。任意节点之间的最短路径经过某一个节点的次数，称为这个节点的最短路径点介数。最短路径介数是在全局的角度之下，用来衡量一个节点或者是连边在整个网络当中的作用或者是地位。最短路径介数在实际网络中，有可能会对应着道路网或者航空网中的枢纽点。棒棒糖图和空手道俱乐部图是两种常见的网络，分别以棒棒糖图和空手道俱乐部为例，分析并了解点介数和边介数。

棒棒糖图是由完全图和一条路径组成的图，如图 4-18（a）所示。在棒棒糖图中具有较高介数中心性的节点，主要位于连接完全图和路径的部分。这是因为从完全图的一部分到路径的另一部分的所有最短路径，几乎都要经过这个连接点。因此，7 号点成为这个网络中的关键节点，具有较高的介数中心性。

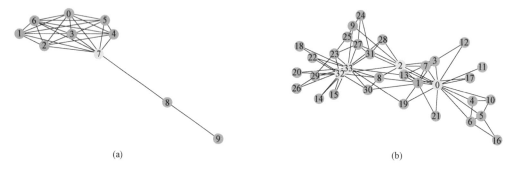

(a)　　　　　　　　　　　　　　　　　　　　　　　(b)

图 4-18　棒棒糖图和空手道俱乐部示意图

图 4-18（b）中，0、2、32、33 四个节点具有较高介数中心性，能将网络中的不同节点联系在一起，如图 4-18（b）所示。这些节点在不同社交圈子之间发挥了重要的中介作用，在其网络中可以将这些高介数节点看作俱乐部的教练或管理员，体现其在网络中的关键位置。

通过计算两个网络中节点的介数中心性，列出了两个网络中介数最高的前五个节点，如表 4-2 所示。

表 4 - 2		棒棒糖图和空手道俱乐部介数中心性最高节点	
棒棒糖图		空手道俱乐部网络	
节点	介数中心性	节点	介数中心性
7	0.38888	0	0.43763
8	0.22222	33	0.30407
9	0	32	0.14525
1	0	2	0.14365
2	0	31	0.13827

4.5 集　聚　系　数

复杂网络中的集聚系数（Clustering Coefficient），用于衡量节点在网络中的紧密程度及其邻居节点之间的连接程度。它反映了网络中节点形成群集或社区的趋势，具体计算方法是对每个节点计算其邻居节点的实际连边数与可能连边数的比值。集聚系数反映了每个节点在网络中的聚集程度，平均集聚系数则是所有节点集聚系数的平均值。

$$C_i = \frac{2 e_i}{k_i (k_i - 1)}$$

$$C_i = \frac{2 e_i}{k_i (k_i - 1)} = \frac{1}{k_i (k_i - 1)} \sum_{j,k=1}^{N} a_{ij} \, a_{jk} \, a_{ki}$$

式中：C_i 为节点的集聚系数；e_i 为节点 i 邻居之间连边的个数；k_i 为节点 i 的度值。

【例 4 - 2】　试计算如图 4 - 19 所示简单网络每个图中节点 3 的集聚系数。

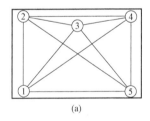 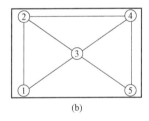 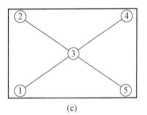

图 4 - 19　简单网络

解　在图 4 - 19（a）中，其节点 3 的集聚系数为

$$C_i = \frac{2 e_i}{k_i (k_i - 1)} = \frac{2 \times 6}{4 \times 3} = 1$$

在图 4 - 19（b）中，其节点 3 的集聚系数为

$$C_i = \frac{2 e_i}{k_i (k_i - 1)} = \frac{2 \times 3}{4 \times 3} = \frac{1}{2}$$

在图 4 - 19（c）中，其节点 3 的集聚系数为

$$C_i = \frac{2 e_i}{k_i (k_i - 1)} = 0$$

节点的集聚系数可以提供有关网络中节点间联系紧密程度的信息，对于研究社交网络、

生物网络、交通网络、互联网等具有很重要的意义。

对于整个网络的平均集聚系数（Average clustering coefficient），是对整个网络的平均集聚程度的度量，计算方法是将所有节点的集聚系数取平均。

$$\overline{C} = \frac{1}{N} \sum_{i=1}^{N} C_i$$

平均集聚系数反映了整个网络的连通性和紧密程度，越接近 0 表示网络无任何聚类，越接近 1 表示网络越紧密，节点间的连接更加紧密。

4.6 网络传递性

网络传递性指的是网络中节点之间信息传递的能力。在计算机网络中，传递性是非常重要的，因为它决定了网络中信息的流动方式和速度。如果一个网络具有很好的传递性，那么消息在网络中传递的速度就会比较快，反之则会比较慢。在实际应用中，传递性的好坏取决于网络架构、节点配置等因素，因此，需要综合考虑多种因素来优化网络的传递性。

传递性在许多网络应用中都非常重要。例如，在互联网中，数据包必须通过一系列的中间节点才能到达目标节点，如果中间节点之间存在传递性，那么数据包就可以顺利传输到目标节点；而如果传递性出现问题，比如某些中间节点之间无法相互连通，那么数据包就无法到达目标节点，网络连接就会中断。

总结来说，网络传递性是网络中信息传输的连通性和可达性，是保持网络顺利运行的重要因素，通过合理的设计和管理，可以提高网络的传递性，从而保证信息的及时传递和网络的稳定性。

网络传递性可通过网络中三角形的数目和连通三元组的数目来计算，其公式如下

$$T = \frac{3 \times 网络中三角形数目}{网络中连通三元组的数目}$$

其中 $0 < T < 1$，当 $T = 1$ 时，任意两节点有连接。当 $T = 0$ 时，无三角形连接。注意，传递性只适用于无向图。

【例 4-3】 计算如图 4-20 所示网络中的平均集聚系数和传递性。

解 对于如图 4-20（a）所示全连接网络来说，由于每个节点都有一条边与其他节点相连接，所以全连接网络的集聚系数、平均集聚系数和传递性均为 1。

对于如图 4-20（b）所示 2 阶最近邻接网络来说，每一个节点上包含节点的三角形数目都为 3，以某一节点为中心的连通三元组的数目都为 6，整个网络中三角形个数为 60，三元组的个数为 30。根据公式计算其节点的集聚系数为 0.5，其平均集聚系数也为 0.5，同样的传递性也为 0.5。

对于如图 4-20（c）所示有向星形网络来说，由于其节点分布的特殊性，其集聚系数和平均集聚系数均为 0，考虑到传递性只适用于无向图，因此星形网络无传递性。

【例 4-4】 如图 4-21 所示，分别以棒棒糖网络、空手道俱乐部网络、足球比赛网络为例，进一步分析其传递性。

解 对于棒棒糖网络，其共有 168 个三角形，530 个联通三元组，故其网络的传递性 $T = 0.95$；在空手道俱乐部网络中共有 135 个三角形，1558 个联通三元组，故其网络的传递

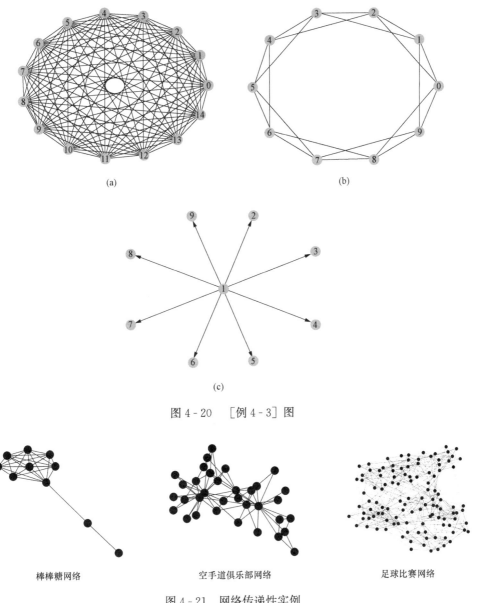

图 4 - 20 ［例 4 - 3］图

棒棒糖网络　　　　　　　　空手道俱乐部网络　　　　　　　足球比赛网络

图 4 - 21 网络传递性实例

性 $T=0.26$；在足球比赛网络中共有 2430 个三角形，17780 个联通三元组，故其网络的传递性 $T=0.41$。

4.7 富人俱乐部

富人俱乐部（Rich - club phenomenon）是一种在复杂网络中观察到的现象，该现象揭示了网络中具有很高度数（连接数）的节点倾向于更紧密地互相连接。下面，将从富人俱乐部的定义、度量、形成机制和影响等方面进行全面介绍。

富人俱乐部现象表现为，在网络中拥有超过平均度数（连接数）的节点群体（即富有的节点）更容易与彼此直接连接，这些紧密互联的节点共同构成富人俱乐部。

富人俱乐部现象可以用"富人俱乐部系数"进行度量。

$$\varphi(k) = \frac{2\,E_{>k}}{N_{>k}(N_{>k}-1)}$$

式中：$E_{>k}$ 为网络中度值大于 k 的节点之间的实际连边数；$N_{>k}$ 为网络中度值大于 k 的节点数。

该系数可理解为度相对较高节点之间的实际连接数与最大可能连接数的比值。对于同一组数据而言，富人俱乐部系数越大，表明富人俱乐部现象越明显。

原始的富人俱乐部系数可能会受到节点数量和度分布的影响，为了消除这些影响，可进一步计算标准化的富人俱乐部系数。标准化富人俱乐部系数提供了更准确的度量富人俱乐部现象的手段。利用计算机技术（Monte Carlo method）基于随机的方式进行标准化。标准化富人俱乐部系数可以表示为

$$\rho(k) = \frac{\varphi_{\mathrm{actual}}(k)}{\varphi_{\mathrm{random}}(k)}$$

式中：$\rho(k)$ 为标准化的富人俱乐部系数；$\varphi_{\mathrm{actual}}(k)$ 为实际网络的富人俱乐部系数；$\varphi_{\mathrm{random}}(k)$ 为随机网络的平均富人俱乐部系数。

如果 $\rho(k) > 1$，则网络中存在显著的富人俱乐部现象；如果 $\rho(k)$ 接近于 1，则网络中的富人俱乐部现象较弱；如果 $\rho(k) < 1$，则网络中度大的节点更倾向于异配。图 4-22 展示了节点的富人俱乐部系数计算结果。

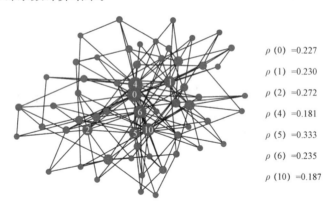

$\rho(0) = 0.227$

$\rho(1) = 0.230$

$\rho(2) = 0.272$

$\rho(4) = 0.181$

$\rho(5) = 0.333$

$\rho(6) = 0.235$

$\rho(10) = 0.187$

图 4-22 富人俱乐部系数

富人俱乐部正面影响。富人俱乐部的存在可能提高网络的传播效率，加强信息交流和资源共享，引导网络形成核心层，有助于提高网络的韧性和稳定性。

富人俱乐部负面影响。富人俱乐部过于集中的连通性可能加强网络中的不平等和权力集中，导致信息以及资源的壁垒，使得弱联络的节点边缘化，并增加网络的脆弱性。

在实际应用中，可以通过节点排列、链接控制、资源配置和规范制度等手段减少富人俱乐部的负面影响，同时促进更平等和开放的节点互动和资源流动。富人俱乐部现象除了在网络科学中广泛存在，也被发现在其他领域中，像生物网络、社交网络、信息网络，甚至在人工智能和机器学习中也发挥着重要作用，它们在不同的层面都展示出了类似的特征，如高度集中的连接性、深度嵌入的结构以及显著的社区特征。

在神经网络和基因网络中，富人俱乐部现象有助于了解生物系统的核心结构及其功能关联。例如，在神经网络中，某些高度互联的神经元可能共同形成功能模块，这有助于实现更高的信息处理能力。类似地，在基因网络中，富人俱乐部现象也能帮助发现基因之间存在的关联性以及它们在调控基因表达等生物过程中的作用。

在社交网络中，富人俱乐部现象体现在高度互联的个体更愿意形成紧密的社交关系。这种现象可能对社交网络的信息传播效率、群体行为、社区结构以及网络间竞争等方面产生重要影响。在市场营销、传播策略等应用场景中，理解和利用富人俱乐部现象有助于提高资源配置效率和实现更精准的目标达成。

在互联网和网络科学网络中，富人俱乐部现象存在于很多方面，例如高页面排名的网站更容易相互链接，具有大量粉丝的社交媒体用户更容易相互关注等。研究这些现象有助于理解网络结构的演化、信息传播的机制以及网络资源优化等方面的问题。

在人工智能和机器学习领域，富人俱乐部现象可以体现在抽象特征的层次化表示以及模型训练中资源分配的优化上，了解这种现象有助于导向算法的研究和优化，提高模型的性能和鲁棒性。

这些领域与现象的联系表明，富人俱乐部现象具有普遍性和多样性，研究它可以使我们在不同应用场景中更好地利用资源、发现规律并优化策略；然而，无论在哪个领域，富人俱乐部现象都需要我们在关注其正向作用的同时，对其可能带来的不平等性、权力集中等问题给予足够关注，并采取相应措施及时调整。

第五章　随机网络和小世界网络

5.1　伯努利试验与二项分布

假设一次试验只有两种可能的结果，如当一个硬币被掷出，可能的结果就是头像向上或者头像向下。实现一次具有两种可能结果的试验，称为一次伯努利试验。如果 p 是头像向上的概率，q 是头像向下的概率，那么 $p+q=1$。

当一个试验由 n 次独立的伯努利试验组成时，许多问题可以通过确定 k 次成功的概率来解决。考虑下面的例子。

【例 5 - 1】 一位篮球运动员投篮投中的概率是 $\dfrac{3}{5}$。假定每次投篮是独立的，当投 10 次时恰好投进 5 次的概率是多少？

解　当运动员投 10 次时存在 $2^{10}=1024$ 种可能的结果，10 次中有 5 次出现头像的方式数是 C_{10}^5。因为 10 次掷篮是独立的，每一个这样的结果都对应概率 $\left(\dfrac{3}{5}\right)^5\left(\dfrac{2}{5}\right)^5$。因此，恰好投中 5 次的概率是

$$C_{10}^5\left(\frac{3}{5}\right)^5\left(\frac{2}{5}\right)^5$$

如图 5 - 1 所示，给出这位运动员投篮投中相应次数的概率，可以找出在 n 次独立的伯努利试验中有 k 次成功的概率。

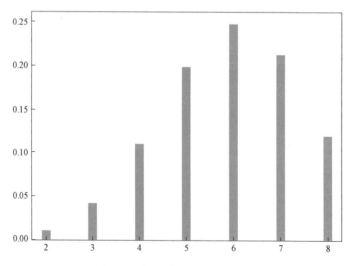

图 5 - 1　投篮命中相应次数概率

定理 5 - 1　每次成功概率为 p，失败概率为 $1-p$ 的 n 次独立的伯努利试验中，有 k 次成功的概率是 $C_n^k p^k(1-p)^{n-k}$。

证明　当执行 n 次伯努利试验时，结果是 n 元组 $(t_1,\ t_2,\ \cdots,\ t_n)$，其中 $t_i=T$（成功）

或 $t_i = F$（失败，$i=1$，2，$\cdots$，n）。由于 n 次试验是独立的，由 k 次成功和 $n-k$ 次失败（以任何顺序）组成的每个 n 次试验结果的概率是 $p^k(1-p)^{n-k}$。因为由 T 和 F 构成的包含 k 个 T 的 n 元组有 C_n^k 个，k 次成功的概率是 $C_n^k p^k (1-p)^{n-k}$。

将成功概率为 p、失败概率为 $1-p$ 的 n 次独立的伯努利试验中有 k 次成功的概率记作 C_n^k，作为 k 的函数，这个函数称为二项分布。注意当执行 n 次独立的伯努利试验时，对于 $k=0$，1，2，$\cdots$，n，存在 k 次成功的概率之和等于 1，即

$$\sum_{k=0}^{n} C_n^k p^k (1-p)^{n-k} = 1$$

【例 5 - 2】 当产生 10 位二进制串时，若每一位为 0 的概率是 0.9，为 1 的概率是 0.1，且每一位的产生是独立的，那么恰好产生 8 位 0 的概率是多少？

解 由定理 5 - 1 可知，恰好产生 8 位 0 的概率是

$$C_{10}^8 \, 0.9^8 \, 0.1^2 = 0.1937$$

5.2 泊 松 分 布

泊松分布（Poisson Distribution）是一种离散概率分布，通常用于表示在一定时间段内或者给定空间范围内发生某个事件的次数，如电话呼叫中心的来电次数，某地交通事故的数量或者某地偷盗的次数等。在独立事件的平均发生次数已知情况下，其泊松分布的概率质量函数如下

$$P(X=k) = \frac{\lambda^k}{k!} e^{-\lambda} \quad k=1,2,3\cdots$$

式中：$P(X=k)$ 为事件发生 k 次的概率；k 为事件发生的次数；λ 为事件发生期望值（如平均次数）；e 为自然常数约等于 2.71828。

根据实际情况选择 λ 的值，泊松分布就可以描述各种不同场景下的随机事件发生概率。

泊松分布的 3 个重要性质是：

1）事件之间的发生相互独立；

2）当 k 趋向于无穷大时，泊松分布的期望和方差都等于 λ；

3）事件发生的间隔无限小。

下面用早餐店的例子来快速理解泊松分布的含义。假设现有一家包子店，每天早上 6 点到 10 点钟营业，其上周每天卖出的包子统计如表 5 - 1 所示，店主每天要准备多少笼包子才能满足供应？

表 5 - 1 上周包子店每天卖出的包子笼数

日期	销售（笼）	日期	销售（笼）
周一	3	周四	6
周二	7	周五	5
周三	4		

包子店的老板如果按照每天平均卖出的包子来决策，也就是每天准备 5 笼包子，可能会

出现高峰时段供不应求，或者低峰时供过于求的局面。例如，某天有特殊活动，顾客数量会增加，包子的实际需求超过了预期的供应量，这可能导致顾客需要等待时间过长，给顾客带来不便，甚至失去一些潜在收入。如果某天是相对平静，销售量可能低于平均值，这将导致准备的包子数量超过了实际需求，造成浪费和损失。包子作为食品，新鲜度和口感很重要，如果没有及时售出，会影响包子的质量，还会增加成本。决策包子供应量时，单纯依据平均值可能不足以解决所有情况，备货供需情况如表 5-2 所示。

表 5-2　　　　　　　　　　　　备货 5 笼包子供需情况

日　期　　　　　　　项　目	销售	备货 5 笼
周一	3	供大于求
周二	7	供不应求
周三	4	供大于求
周四	6	供不应求
周五	5	平衡

如果每天准备 5 笼包子，5 天里面有 2 天供不应求。那么，这一周内可能会有 40% 的时间出现缺货的状态，那对于一家普通的包子店来说，40% 的时间出现缺货是不能接受的。

现在试想一下，假设把这家包子铺每天早上 6 点到 10 点的这段时间设想成一个时间轴，然后用字母 T 来表示，周一早上卖出去的 3 笼包子，按照销售时间放在这根时间轴上，如图 5-2 所示。

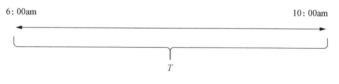

图 5-2　包子铺图（1）

这时可以把时间段 T 等分成 4 个小的时间段，让每个时间段内要么卖出 1 笼包子，要么就没有卖出，如图 5-3 所示。

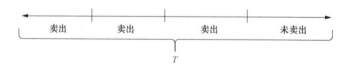

图 5-3　包子铺图（2）

周一早卖出 3 笼包子的概率就像抛 4 次硬币，其中 3 次出现正面的概率一样。如果这样，就可以用二项分布的计算公式来求这个概率，即

$$C_4^3 p^3 (1-p)^1$$

如果把周二卖出去的 7 笼包子放在这个时间轴上，同样分成 4 个小的时间段。会在某个时间段内有卖出 3 笼包子的情况，也有卖出 2 笼包子的情况或者是没有卖出。那这个时候针对每个小的时间段，它就不再是简单的卖出或者是没有卖出，也就不能再用二项分布的计算逻辑，如图 5-4 所示。

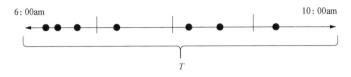

图 5-4　包子铺图（3）

这时候考虑把时间轴进行更精细的划分，比如把时间 T 分成 20 个小时间段，让每个时间段里面要么只有 1 笼包子卖出，要么没有包子卖出，如图 5-5 所示。

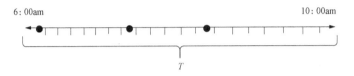

图 5-5　包子铺图（4）

这样又可以利用二项分布的逻辑，在周二早上 6～10 点时间段内，卖出 7 笼包子的概率就和抛 20 次硬币，其中 7 次出现正面的概率一样。同样也可以用二项分布的计算公式来求这个概率，采用同样的思路，去求周三周四周五的概率。不管我们是将时间段分成 4 段、7 段还是 20 段，在本质上就是尽可能让小时间段里面卖出的包子数量要么是 0，要么是 1，这样才能够用二项分布的逻辑来求概率。因此，可以假设将时间段 T 划分成 n 份，然后让 n 越来越大，也就是让时间段越细小越好，甚至是可以趋向于一个时间点，可利用极限来表达

$$
\begin{aligned}
P(X=k) &= \lim_{n \to \infty} C_n^k \, p^k \, (1-p)^{n-k} \\
&= \lim_{n \to \infty} C_n^k \left(\frac{\lambda}{n}\right)^k \left(1-\frac{\lambda}{n}\right)^{n-k} \\
&= \lim_{n \to \infty} \frac{n(n-1)\cdots(n-k+1)}{k!} \cdot \frac{\lambda^k}{n^k} \cdot \left(1-\frac{\lambda}{n}\right)^{n-k} \\
&= \left\{\lim_{n \to \infty} \frac{n(n-1)\cdots(n-k+1)}{n^k}\right\} \cdot \left\{\frac{\lambda^k}{k!}\right\} \cdot \left\{\lim_{n \to \infty}\left(1-\frac{\lambda}{n}\right)^n\right\} \cdot \left\{\lim_{n \to \infty}\left(1-\frac{\lambda}{n}\right)^{-k}\right\} \\
&= 1 \cdot \frac{\lambda^k}{k!} \cdot \mathrm{e}^{-k} \cdot 1 \\
&= \frac{\lambda^k}{k!} \cdot \mathrm{e}^{-k}
\end{aligned}
$$

对包子铺来说，上一周平均每天卖出 5 笼包子，假设可以用这个小样本来近似估计总体均值，现在包子铺每天卖出 k 笼包子的概率可以表达为

$$
P(X=k) = \frac{5^k}{k!} \, \mathrm{e}^{-5}
$$

当 k 分别取 0，1，2，3，4，5，…，可以得到如图 5-6 所示的概率分布图。假设店主决定每天准备 8 笼包子，那这一天供应充足的概率为 0.97。当然在这个例子里，做了适当简化，只是单纯地去考虑供应不足的情况该如何弥补。

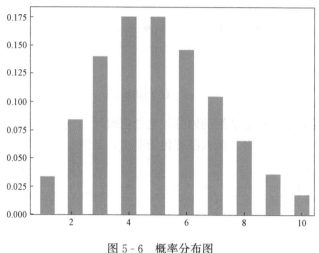

图 5-6 概率分布图

5.3 随 机 网 络

随机网络模型是复杂网络研究的重要基础，它为理解网络结构和特性提供了重要的起点。早期对随机网络的研究主要集中在数学领域，其中著名的是图论中的随机图模型。

在 20 世纪 50 年代，数学家 Paul Erdős 和 Alfréd Rényi 等人提出了随机图模型，该模型假设网络中的连接是随机生成的。这些随机图模型主要包括 Erdős-Rényi 模型和 Gilbert 模型，它们对于研究一些基本的网络性质和数学定理起到了关键作用。

Erdős-Rényi 随机图模型假设网络中的每对节点以一定的概率独立连接，这种假设使得图的生成过程具有一定的随机性特征。通过对 Erdős-Rényi 模型的研究，人们可以分析网络中的平均连接度、临界连接概率、连通性等重要性质。

Gilbert 模型则是假设网络中的节点对之间以固定的概率连接，这对于理解简单的网络连接过程提供了一种基本的模型。

这些早期的随机图模型为后来复杂网络研究的发展提供了基础，尽管随机图模型无法很好地描述真实世界中的复杂网络，但它们为人们理解网络结构和基本性质提供了非常重要的思想和方法。

随机网络指节点之间连接是随机的网络（如图 5-7 所示），具体来说，随机网络没有任何先决条件证明那一对节点的连接概率大或者小，可以认为每对节点之间都连接的概率相等；当连接概率很低时，网络中的连接较为稀疏；而当连接概率较高时，网络中的连接较为密集。通过随机网络和各种复杂网络的对比研究，可以帮助我们更好地理解其他复杂网络的结构和特性，以及网络

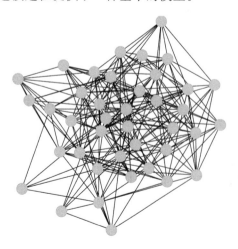

图 5-7 随机网络

中各种现象的传播和扩散规律。

5.3.1　ER 随机网络模型

ER（Erdő—Rényi）随机网络起源于 20 世纪 50 年代，由数学家 Paul Erdős 和 Alfréd Rényi 提出，他们的研究主要集中在随机图理论领域，旨在研究节点之间的随机连接情况，并探索随机图的性质和特征。

1959 年，Erdős 和 Rényi 发表了关于随机网络的重要论文，提出了 ER 随机网络模型。在这个模型中，他们假设网络中的每个节点以概率 p 与其他节点相连，这种连接是独立随机的，模型中引入了一个重要参数 p，用来控制节点之间连接概率。

定义 5-1　$G(n, p)$ 模型：模型包含 n 个节点，且模型中任意两个不同的节点都以概率 p 连接成一条边，其中概率 p 固定，并且每一对节点是否相连完全独立。

如图 5-8 所示在 p 等于 0.2，n 等于 10 所生成的 ER 随机网络。值得注意的是，当规定好 n 和 p 之后，网络的变体非常多，甚至在每个变体中的总数也不固定。

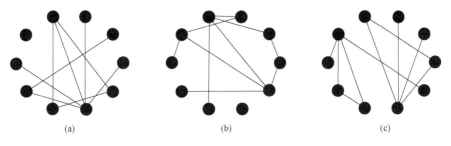

图 5-8　$G(n, p)$ 随机网络模型

在 $G(n, p)$ 模型中，网络可能得到的边数介于 0 到最大可能边数 $\dfrac{n(n-1)}{2}$ 之间，网络的平均度接近于 $p(n-1)$。当 p 很低时（接近于 0），网络由大量孤立的节点和小集团组成；相反，当 p 很高时（接近于 1），大部分节点都互相连接。

连通性：①当 p 较小（远小于 $\dfrac{1}{n}$）时，图几乎肯定不连通，很多节点都是孤立的；②当 p 通过一个关键点（大致处在 $\dfrac{1}{n}$）增加时，会突然出现一个巨大的连通分量，这个特性表明了在某些概率阈值下的相变现象；③当 p 继续增加，接近 1 时，几乎所有节点都在同一连通分量内，即整个网络是连通的。

路径长度：在 p 的临界值（大致处在 $\dfrac{1}{n}$）之上，ER 随机网络的平均路径长度成对数增长与节点数关联，这意味着即使是节点数目很大的网络，任意两个节点之间的路径也相对较短。

集聚系数：与现实世界网络相比，ER 随机网络的聚类系数通常较低，因为它是基于纯粹的随机过程而非局部结构驱动的链接形成过程。

定义 5-2　$G(n, m)$ 模型：模型包含 n 个节点，随机添加 m 条无向边，同时避免出现重复的边或自环。

如图 5-9 所示在 m 等于 20，n 等于 10 生成的随机网络。当规定好 m 和 n 之后，网络的变体也非常多，但是其连接概率是相同的。

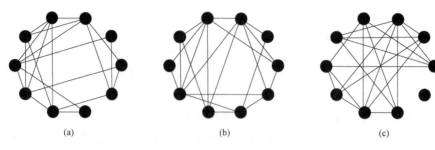

图 5-9　$G(n,m)$ 随机网络模型

ER 随机网络根据平均度（$\bar{k}$）的取值可以把它分成 4 个区域，分别是亚临界、临界、超临界和连通四种状态。当 $\bar{k}<1$ 时，被称为亚临界；当 $\bar{k}=1$ 时，被称为临界；当 $\bar{k}>1$ 时，被称为超临界；当 $\bar{k}>\ln N$ 时，被称为联通。

如图 5-10 所示，若规定 n 等于 100，当 p 从小到大变化时，就生成了以上四种情形之下的 ER 随机网络。在亚临界的情况下，ER 随机网络的平均度小于 1，此时网络中并不存在一个最大连通集团，但可能存在的最大群是一个树的结构；在临界情形下，ER 随机网络的平均度等于 1，此时网络中存在着一个唯一的最大连通集团；在超临界情形下，ER 随机网络的平均度大于 1，此时网络中也存在着一个唯一的最大连通集团；在联通情形下，ER 随机网络的平均度大于 $\ln N$，此时网络中的最大联通集团异常稠密，也不存在群规模的分布。

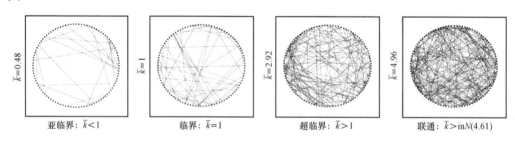

图 5-10　ER 随机网络的四种状态

尽管 ER 随机网络对网络形成提供了一些基本理解，但它并不适用于描述现实世界中的许多网络，现实中网络通常呈现出更加复杂的结构模式，如社区结构或是节点度的不均匀分布（无尺度特性）。此外，ER 随机网络假设每个连接的成立都是独立的，而在现实社交网络中，通常存在相互依存或相互影响的连边现象。因此，提出其他网络模型如小世界网络和无尺度网络，以及它们的变种，可更精确地模拟现实网络的属性。

虽然 ER 随机网络在某些方面受到了限制，但它仍然在许多科学领域中发挥着重要作用，主要是因为它的简单性使得很多数学问题变得可解。另外，它为理论研究和实验设计提供了一个基准，科学家们可以通过对比 ER 随机网络和实际网络的差异来识别和研究现实世界网络特有的属性和动态。以下是 ER 随机网络在一些其他领域的应用。

疾病传播：在流行病学中，可以将 ER 随机网络中的节点表示为个体，边表示个体之间的接触或交流方式。以传染病为例，感染者与易感者之间的接触就可以用边表示，通过设定节点的初始感染情况和传染概率，模拟疾病在整个网络中的传播过程。此外，还可以根据传染病的特征，如潜伏期、传染期等参数，对传播过程进行更加细致的模拟。ER 随机网络可以用于评估不同的疾病控制策略的有效性，例如，可以模拟不同的隔离措施、疫苗接种率等情况，并观察其对疾病传播的影响；当然还可以通过疾病传播模型研究传染病在不同社区、不同地区的传播特点，为疾病防控提供科学依据。

抗干扰性研究：ER 随机网络演示了随机失败和攻击对网络的影响，显示出当网络中的一部分节点或连接被移除时，整个网络的连通性的变化情况，这一点在研究互联网络、交通网络或其他类型的基础设施网络中的鲁棒性时非常有用。

网络同步：在研究如何通过网络交换信息达到同步状态的系统中，比如计算机网络或神经网络，ER 随机网络是一个研究信息如何在随机连接的节点间传播的有价值的简化模型。

网络重构和精简：在某些实际应用中，可能需要在保持网络基本特性的基础上，通过从完整的复杂网络中随机移除节点和边来精简网络，这种情况下，对 ER 随机网络的理解能够帮助评估精简后网络结构的特性。

需要注意的是，ER 随机网络是建立在均匀性和随机性假设之上，因此它不适用于所有类型的网络。在很多实际网络，比如社交网络、互联网、生物网络和经济网络中，节点间的连接具有明显倾向性，这些网络通常会有一些非随机、结构化的特点，如社区结构、模块化或者高度的聚集性，这些特点无法通过 ER 随机网络来捕捉。因此，出现了其他网络，如巴拉巴西－阿尔伯特（Barabási－Albert，BA）模型和（Watts－Strogatz，WS）模型等更复杂的网络模型，用来更好地模拟现实世界的网络特征。

5.3.2　随机网络的度分布

在随机网络中，节点的度分布通常可以近似地看作泊松分布。泊松分布的特点是在平均值附近呈现出峰值，然后逐渐衰减，即大多数节点的度数接近平均度数，而高度离散的度数相对较少。如图 5-11 所示，给出了一个连接概率 $p=0.3$，节点数 $N=40$ 的随机网络，通过其度分布直方图可以发现其近似接近于泊松分布。

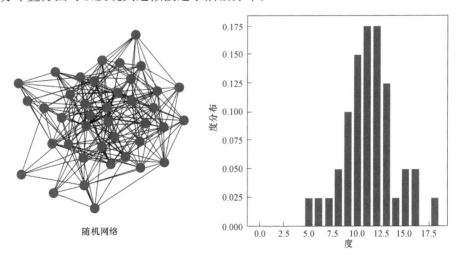

图 5-11　随机网络及其度分布

尽管随机网络的度分布趋向于泊松分布，但实际上，真实世界中的复杂网络往往不符合这种简单的随机模型，而更倾向于无标度网络模型。无标度网络的度分布近似幂律分布，即存在少数高度连接的节点，而大多数节点的度数相对较小。这种度分布更贴合现实世界中许多复杂系统的特性，如社交网络中的社交影响、互联网中的网页链接等。

5.4 小世界现象

送杜少府之任蜀州

唐·王勃

城阙辅三秦，风烟望五津。

与君离别意，同是宦游人。

海内存知己，天涯若比邻。

无为在歧路，儿女共沾巾。

诗中描述了诗人王勃在给即将赴任蜀州（今四川成都）的朋友杜少府送行时的场景和感受。"海内存知己，天涯若比邻"可以很好地解释小世界现象，两个人虽然相隔天涯，但依然可以进行情感和信息的传递。

"六度分隔"理论的最初形态来源于 1929 年匈牙利的作家 Frigyes Karinthy 在短篇小说集《链条》中的一篇故事。在故事中主角设定一个挑战——从自己开始，通过不超过 5 个人可以和地球上任意一人建立联系。

CHAIN - LINKS

By Frigycs Karinthy（1929，Everything is Different）

Planet Earth has never been as tiny as it is now.

… anyone on Earth，at my or anyone's will，can now learn in just a few minutes what I think or do.

We should select any person from the 1. 5 billion inhabitants of the Earth — anyone，anywhere at all．He bet us that，using no more than five individuals，one of whom is a personal acquaintance，he could contact the selected individual using nothing except the network of personal acquaintances.

"六度分隔"理论认为任何两个人之间最多只隔六度（或者说六步）的社交关系。换句话说，只需要通过最多六个中间人，大部分人就能认识到世界上的任何一个人。然而这个理论在当时并未被广泛认可，直到在 20 世纪 60 年代 Stanley Milgram 进行了"小世界实验"，六度分隔才逐步被人们接受。小世界实验的基本流程通过寄送包裹实现：

（1）Milgram 将通讯链的起点设置在美国的内布拉斯加州的奥马哈和堪萨斯州的威奇托，将终点设置在了马萨诸塞州的波士顿，并选取了这些城市的居民作为典型代表。

（2）邮件包裹"随机"发送给奥马哈和威奇托的居民，这些邮件包裹包括了标明研究目的的信件和所要位于波士顿的目标联系人的基本信息，并附加了一份让参与者登记名字的花名册。

（3）接收者被询问他或她是否认识信中描述的联系人，如果认识，那么信件将被直接交给目标联系人；如果并不认识，那么这个人就需要传递给自己认为最可能认识目标人的亲朋好友；然后他们就在花名册上签下名字，并将信件寄出。

（4）当包裹最终抵达了波士顿的目标联系人时，研究人员就检查花名册来记录它在人与人之间传递的次数。

经过多次实验，在成功的通讯中，平均路径长度大致落在 5.5 或者 6。因此，Milgram 得出在美国人与人的间隔平均为 6 的结论。尽管他从未使用过"六度分隔"，但这些发现导致了这个术语被广泛接受。值得一提的是，六度分隔理论虽然没有严格科学的证明，然而却有很多的实验和研究显示这种思想在很大程度上是准确的，所以可能真的离世界的任何人只有六步之遥。

尽管有争议，但 Milgram 的小世界实验对于了解社会网络结构与传播现象都有重要的学术价值，并且在信息科学、社会学、网络理论等领域产生了深远影响。小世界实验使得人们开始理解和研究大规模社会网络的结构，这也是现代网络科学的开端。

5.5 小世界网络

在网络科学语言中，小世界现象意味着网络中随机选择的两节点之间的距离很小，那么"小"的含义就可以理解为平局距离小和集聚系数大。接下来通过真实网络进行研究，如表 5-3 所示，可以发现尽管网络中的节点很多，但是其平均距离都很小，例如演员合作网中尽管节点有 70 多万个，但其平均距离只有 3.91。

表 5-3 真实网络的平均距离$\overline{d}$和最大距离d_{max}

网络	节点 N	边 L	平均度 $\overline{k}$	平均距离 $\overline{d}$	$\frac{\ln N}{\ln k}$
因特网	192,244	609,066	6.34	6.98	6.58
电力网	4,941	6,594	2.67	18.99	8.66
邮件网络	57,194	103,731	1.81	5.88	18.4
科学家合作网	23,133	93,439	8.08	5.35	4.81
演员合作网	702,388	29,397,908	83.71	3.91	3.04
科学引文网	449,673	4,707,958	10.43	11.21	5.55
蛋白质交互网	2,018	2,930	2.90	5.61	7.14

5.5.1 小世界网络模型

Duncan J. Watts 和 Steven H. Strogatz 于 1998 年在《Nature》上发表了题为《小世界网络的群体动力行为》的论文，推广了"六度分离"的科学假设，并提出了 WS 小世界网络模型，其构造算法如下。

（1）从规则图开始，考虑一个含有 N 个节点的最近邻接网络，它们围成一个环，其中每个节点与它左右相邻的各 $k/2$ 个节点相连，k 为偶数，参数满足 $N \gg K \gg \ln N \gg 1$。

（2）以概率 p 随机地重新连接网络中的每条边，即将边的一个端点保持不变，而另一个端点在网络中随机选择的一个节点，其中规定任意 2 个不同的节点之间至多只能有一条边，且每个节点都不能自环。

如图 5-12 所示，图（a）$p=0$ 表示一个 k 近邻网络，图（b）设置了一个重连概率 $p=0.2$，使其一部分边进行重连，生成了一个 WS 小世界网络模型。极端的情况下，使全部节点进行重连，在 $p=1$ 的情况下就生成了一个随机网络，即图（c）。

1999 年 Newman 和 Watts 提出了 NW 小世界模型，该模型通过用随机化加边取代 WS

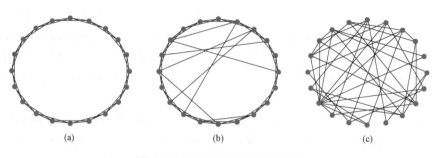

图 5-12 WS 小世界网络的进化

(a) $p=0$；(b) $0<p<1$ ($p=0.2$)；(c) $p=1$

小世界模型构造中的随机化重连而得到的，具体构造算法如下。

（1）从规则图开始，考虑一个含有 N 个点的最近邻接网络，它们围成一个环，其中每个节点与它左右相邻的各 $k/2$ 个节点相连，k 为偶数，参数满足 $N\gg k\gg\ln N\gg1$。

（2）以概率 p 在随机选取的一对节点之间加上一条边，其中任意两个不同的节点之间至多只能有一条边，并且每一个节点不存在自环。

如图 5-13 所示，揭示了 NW 网络的进化过程，图（b）表示加边概率为 0.2 的 NW 小世界网络，如果同样采取极端处理使加边概率 $p=1$，则会生成一个完全网络。

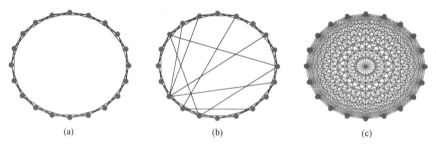

图 5-13 NW 小世界网络的进化

(a) $p=0$；(b) $0<p<1$ ($p=0.2$)；(c) $p=1$

通过 WS 小世界模型和 NW 小世界模型可以反映某些现实问题，以人际关系网为例，k 近临网络，可以理解为大部分人的朋友都是在一条街上的邻居或在同一单位工作的同事；而断边重连或随机化加边，可以理解为也有些朋友或者同事可能相距较远，甚至远在异国他乡。实际上，除了 WS 小世界模型和 NW 小世界模型，还有许多改进模型，加点，加边，去点，去边及不同形式的交叉可产生多种形式的小世界模型。

5.5.2 小世界网络的度分布

小世界网络的度分布通常不被重视，因为其主要关注网络如何通过点和边的增加或减少来降低平均路径长度或提高集聚系数。以 WS 小世界模型为例，开始生成的规则网络通常具有相对均匀度分布，当一些局部连接以概率 p 随机地重连到其他节点后，可能增加了度分布的异质性，但不会改变其基本性质；对于较小的重连概率 p，大多数节点的度仍然非常接近其原始值；然而如果重连概率 p 较大，那么网络会趋向于随机网络，其度分布近似遵循泊松分布。如图 5-14 所示精确描述了重连概率 p 的变化对 WS 小世界网络（初始规则网络 $N=1000$，$K=6$）度分布的影响。

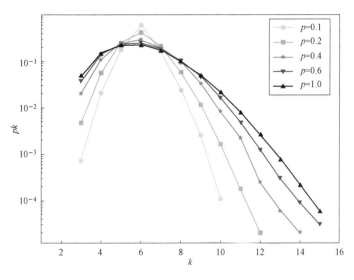

图 5 - 14 小世界网络的度分布

5.5.3 小世界网络的平均距离

在小世界网络中，由于节点之间存在短距离的局部连接和长距离的全局连接，使得网络的平均距离相对较小。下面给出小世界网络平均距离计算公式

$$L = \frac{1}{\frac{1}{2}N(N-1)} \sum_{i \neq j} d_{ij}$$

这里 L 被定义为两顶点之间最短路径边的数量，是所有两顶点之间最短路径边的平均值。网络中两个节点 i 和 j 之间的最短距离 d_{ij} 为连接这两个节点所需要的最少的边的个数（也就是想要将节点 i 和节点 j 连接至少需要几条边），而网络的平均路径长度 L 则为两个节点之间最短距离的平均值。

5.5.4 小世界网络集聚系数

对于 WS 模型来说，当重新连接概率 $p=0$ 对应的最近邻接网络的集聚系数不受网络大小的影响，而仅仅受其拓扑连接方式影响。此时每个节点左右两边各有 $k/2$ 个邻近节点，容易得到这些邻近节点间的连接数为

$$N_0 = \frac{3\left(\frac{k}{2}\right)\left(\frac{k}{2}-1\right)}{2}$$

于是对应的集聚系数

$$C(0) = \frac{N_0}{\frac{k(k-1)}{2}} = \frac{3\left(\frac{k}{2}-1\right)}{2(K-1)}$$

对于 $p>0$，原先 $p=0$ 时连接节点 v_i 的两个邻近节点，仍然作为节点 v_i 的邻近节点相连的概率为 $(1-p)^3$，偏差不超过 $O(N^{-1})$。于是一个节点的邻近节点之间的平均连接数为 N_0 $(1-p)^3 + O(N^{-1})$，若定义近似平均集聚系数 $C'(p)$，为每个节点的邻居节点之间的平均连接数除以每个节点的邻居节点之间的平均最大可能连接数，则 WS 网络的平均集聚系数近

似为

$$C'(p) = \frac{3(K-2)}{4(K-1)}(1-p)^3$$

经过仿真验证，$C'(p)$ 和实际 $C(p)$ 偏差很小，偏差数量级确实为 $O(N^{-1})$，因此可以近似认为 $C(p) \approx C(0)(1-p)^3$，且基本不受 N 影响。总之，只要网络足够大小，世界行为在 $0 < p < 1$ 范围内肯定会出现。

类似可证明 NW 模型的平均集聚系数为：

$$C(p) = \frac{3(K-2)}{4(K-1)+4Kp(p+2)}$$

如图 5-15 所示为 Watts 和 Strogatz 的小世界模型。模拟平均度为 $k=10$ 的 1000 个节点的晶格以不同的概率 p 重新布线，范围从 0 到 1。在较小的 p 值下，在同时具有高聚类（正方形）和低路径长度（圆形）的网络中可以看到网络小世界性。

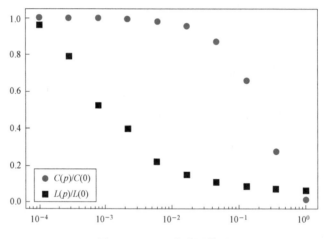

图 5-15　WS 小世界模型

其中 $C(p)/C(0)$ 表示平均集聚系数，$L(p)/L(0)$ 表示平均路径长度。

最近邻居网络（对应 $p=0$）是高度集聚的 $[C(0) \approx 3/4]$，但平均距离很大 $[L(0) \approx N/2K \gg 1]$。当 p 较小时（$0 < p \ll 1$），重新连线后得到的网络与原始的规则网络的局部属性差别不大，从而网络的集聚系数 $C(p) \propto C(0)$，变化也不大，但其平均距离 $L(p) \ll L(0)$ 下降很快。这个结果可从两方面给予理解，一方面，只要几条边的随机重连就足以减小网络的平均距离；另一方面，几条随机重连的边并不足以改变网络的局部集聚特性。

这类既具有较短的平均距离又具有较高的集聚系数的网络就是典型的小世界网络。

1998 年 Watts 和 Strogatz 进行仿真实验分析后，计算了 3 个实际网络的平均路径长度 L_{actual} 和集聚系数 C_{actual}，并与相应的具有相同节点数和平均度的随机图的平均路径长度 L_{random} 和集聚系数 C_{random} 相比较，采用的三个网络分别是电影演员合作网、美国西部电力网和线粒虫神经网络，结果如表 5-4 所示，表明三个网络具有共同特征，即 L_{actual} 稍大于 L_{random}，但是 C_{actual} 远大于 C_{random}。

常见网络	L_{actual}	L_{random}	C_{actual}	C_{random}	N	$\bar{k}$
Film actors	3.65	2.99	0.79	0.00027	225226	61
Power grid	18.7	12.4	0.08	0.005	4941	2.67
C. elegans	2.65	2.25	0.28	0.05	282	14

表5-4　　　　　　　　　　　　Watts 和 Strogatz 计算的三个网络

5.5.5　小世界网络的度量

1. 小世界系数 σ

在研究小世界性质时，常常将网络的集聚系数和路径长度与随机网络进行比较。在 2006 年，Humphries 等人引入了一个度量指标，即小世界系数 σ，表示网络的集聚系数和路径长度与其随机网络的集聚系数和路径长度的比值，计算公式如下

$$\sigma = \frac{\dfrac{C}{c_{random}}}{\dfrac{L}{L_{random}}} = \frac{\gamma}{\lambda}$$

式中：σ 为小世界系数；$\dfrac{C}{c_{random}}$ 为集聚系数的比值；$\dfrac{L}{L_{random}}$ 表示路径长度的比值。

由此，一个网络要被归类于小世界网络，必须满足的条件是 $C>C_{random}$，且 L 接近或等于 L_{random}，相应的结果就是 $\sigma>1$，如图 5-16 所示。

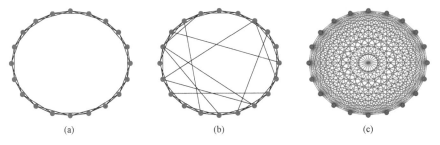

(a)　　　　　　　　(b)　　　　　　　　(c)

图5-16　小世界网络 σ 度量
(a) $\sigma=2.46$；(b) $\sigma=1.78$；(c) $\sigma=0$

将其路径长度与随机网络的路径长度进行比较是有意义的，因为小世界网络的路径长度与随机网络类似，路径长度较短；然而对于聚集系数，将其与随机网络的聚集系进行比较，并不能准确地捕捉到小世界行为，小世界网络的聚集系数实际上更接近晶格网络，而且原始网络中的聚集系数普遍认为明显大于随机网络；但是聚集系数需要增加多少才能等同于晶格呢？

如果一个随机网络的 C_{random} 值为 0.001，从平均值角度来看，即表示一个节点的所有邻居之间可能的 1000 个连接中只有 1 个存在。假设原始网络的 C 值比 C_{random} 值大 5 倍到 10 倍，那么在可能存在的 1000 个连接中也只有 5 到 10 个链接存在。这种低聚集度已在多个网络中被观察到，虽然这种聚集级别并不符合晶格网络的典型考虑。然而，C 值和 C_{random} 值之间的显著差异证明了原始网络并非完全是随机的。考虑到该网络的聚集系数比较低，它被认为是小世界网络的程度也是值得探讨的。值得注意的是，在最早评估实际网络的小世界属性时，就已经将其与随机网络进行了聚集系数的比较。

σ 的一个主要问题是随机网络的集聚系数极大地影响了小世界系数。在小世界系数方程中，σ 使用 C 和 C_{random} 之间的关系来确定 C 的值；然而在随机网络中的集聚系数通常极低，即使 C_{random} 发生了微小变化，也可能对 C 的值产生过度影响。

考虑两个网络 A 和 B，具有相似的路径长度，但集聚系数分别为 0.5 和 0.05，如果其随机网络的聚集系数都是 0.01，那么网络 A 明显具有更强的小世界特性；如果网络 A 和 B 的随机网络聚集系数分别为 0.01 和 0.001，那么这两个网络将具有相似的 σ 值；尽管网络 B 的集聚系数明显较低，但这两个网络都具有相同的小世界特性。另外，相对于其随机网络，这两个网络具有相同的 σ 值，但集聚水平明显不同，网络 A 更接近晶格。因为在计算 C 时，C_{random} 作为分母，因此 C_{random} 的微小变化都决定了 σ 的值。

例如 σ 值的范围从 0 到 N 取决于所讨论网络的大小，较大网络往往具有类似集聚系数，路径长度的较小网络具有更高的 σ 值。了解网络的特性是否趋向于类似点阵或随机的特性可能是有价值的，如果将聚类性和路径长度与随机等效进行比较，则无法确定这些特性。因此确定网络是否呈现特定的行为是重要的，例如点阵的专业化或随机网络有效传递信息的能力。下面介绍一种新的度量小世界特性的指标 ω，它解决了前面段落中描述的每个限制，并更符合 Watts 和 Strogatz 对小世界网络的原始描述。

2. 小世界系数 ω

给定一个具有特征路径长度 L 和集聚系数 C 的图，小世界度量 ω 的定义是将网络的聚类与等效晶格网络的集聚系数 C_{latt} 进行比较，并将路径长度与等效随机网络的路径长度 L_{random} 进行比较，以此对两个比率求差简单得到，计算公式如下

$$\omega = \frac{L_{random}}{L} - \frac{C}{C_{latt}}$$

ω 计算公式是通过比较网络的集聚系数和路径长度与等效晶格和随机网络的对应值来度量网络的小世界特性。

在使用等效晶格网络的聚类而不是随机网络的聚类时，该度量不太容易受到 C_{random} 波动的影响。此外，无论网络大小如何，ω 的值都被限制在 -1 到 1 之间；接近零的值被认为是小世界，$L \approx L_{random} \approx 0$，以及 $C \approx C_{random} \approx 0$；正值表示更具有随机特性的图形，$L \approx L_{random}$，以及 $C \ll C_{random}$；负值表示更具有规则或晶格特性的图形，$L \gg L_{random}$ 以及 $C \approx C_{random}$。

如图 5-17 所示为生成一个 $\omega = -0.27$ 的规则图，一个 $\omega = 0.227$ 的 NW 小世界网络，一个 $\omega = 0$ 的完全图。

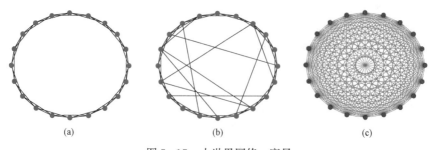

(a) (b) (c)

图 5-17　小世界网络 σ 度量

(a) $\omega = -0.27$；(b) $\omega = 0.227$；(c) $\omega = 0$

第六章 无标度网络

6.1 无标度性质

在许多统计现象中可以找到一个典型的尺度作为大多数样本的代表，如以山东交通学院学生的身高为例，大部分学生的身高集中在平均身高正负 1 个标准差内，为此可将平均身高和标准差看作是该统计案例的"标度"。同理，随机网络也可确定相应的标度，随机网络中每一对节点之间存在边的概率都是相同且独立的，这导致产生的网络中节点的度数遵循泊松分布或二项分布，它们具有明显的平均值和标准差，因此都存在标度；而且其标准差总是小于其平均度，为此随机网络中节点的度值相差不大，可将随机网络的平均度作为随机网络的标度。

"无标度"的含义在于这个网络没有一个典型的度量尺度或平均值，使得大多数的节点度数都在这个平均值附近。目前为止，度分布服从幂律分布的复杂网络都是无标度网络，因为幂律分布的性质，使得在这种网络中大部分节点只有少量的连接，而少数节点有大量的连接，这种不确定性使得我们无法准确地描述网络的度的范围，并且无法用一个单一的标度来描述网络的拓扑结构，因此具有标度不确定的网络统称为无标度网络。

综上所述，度分布服从幂律分布的网络都为无标度网络，如果网络是有向的，无标度性质分别适用于入度和出度。需要注意的是，无标度性质与采用离散形式还是连续形式无关。

6.2 无标度网络的枢纽节点

无标度网络中的节点度数分布呈现幂律分布，极少数的核心节点连接着大量的普通节点，这些核心节点就是无标度网络中的枢纽节点（也被称为中心节点或者超级节点）。这些枢纽节点在保持网络连通的同时，也对网络的传播过程、弹性、可靠性等特性有着重要影响（如图 6-1 所示）。度中心性、介数中心性、接近度中心性、特征向量中心性等指标是识别和测量网络中的枢纽节点的重要手段。

在网络中，枢纽节点（也称为中心节点或重要节点）是指在网络拓扑或信息传播过程中起到关键作用的节点。识别和测量这些节点的重要性，可以帮助我们了解网络结构的特性和信息传播的动态过程。以下是一些识别和测量网络中枢纽节点重要性的主要方法。

（1）度中心性（Degree Centrality）。度中心性是衡量节点连接数的简单方法。对于无向网络，节点的度指的是与它直接相连的邻居节点的数量；对于有向网络，节点的度分为入度（指向该节点的边的数量）和出度（从该节点发出的边的数量）。度中心性反映了节点在网络中的活跃程度。例如，社交网络中的一个人如果有很多朋友（即高度中心性），那么他可能是一个有影响力的人物；在互联网网络中，一个网页如果有很多其他网页通过超链接指向它（即高入度中心性），那么这个网页可能是一个重要的资源。

（2）接近中心性（Closeness Centrality）。接近中心性最初由 Linton Freeman 在 1979 年提出，是基于图中节点之间的距离或路径长度，计算节点到网络中其他节点的距离之和的倒数得到，用于衡量节点在图中的紧密性。一个高接近中心性的节点，表示它到其他节点的平均距离较短，这使得信息传播和资源分配更加有效。具体而言，它是定义为节点 i 到图中所有其他节点的最短路径长度之和的倒数，即

$$C(u) = \frac{n-1}{\sum_{v=1}^{n-1} d(v,u)}$$

式中：$d(v, u)$ 为节点 v 到节点 u 的最短路径长度。

节点 u 的接近中心性是 $n-1$ 个可到达节点到 u 的平均最短路径距离的倒数，接近中心性指标越大，表示节点越接近其他节点，即节点在图中的紧密程度越高。

从公式表达来看，节点的接近中心性需要计算所有节点对的最短路径长度，这个计算量会随着节点数量的增加而呈指数级别的增长，因此对于大规模图，可能需要采用一些近似计算或并行计算方法。

节点的接近中心性在许多领域中都有应用，例如在交通网络中，可以通过计算交通枢纽的接近中心性来评估其在交通流中的重要性；在社交网络中，可以通过计算社交网络中人与人之间的接近中心性来发现社交网络的隐含模式。

（3）介数中心性（Betweenness Centrality）。介数中心性测量了一个节点在所有节点对之间最短路径的数量。一个高介数中心性的节点表示它在网络中起到了"桥梁"或"中介"的作用，对网络中的信息流和资源传递具有重要影响，介数中心性可以分为节点介数中心性和边介数中心性两种类型。

节点介数中心性是通过计算节点在图中的最短路径上出现的次数来衡量节点作为桥梁的能力。具体而言，节点介数中心性是通过计算节点作为最短路径上的中间节点的次数来度量节点的介数中心性，也就是说节点介数中心性衡量的是通过节点的最短路径数量，即节点对其他节点之间的连接起到了多大的桥梁作用，计算公式如下

$$C_B(v) = \sum_{s,t \in V} \frac{\sigma(s,t \mid v)}{\sigma(s,t)}$$

式中：V 为节点的集合；$\sigma(s, t)$ 为最短路径 (s, t) 的个数；$\sigma(s, t \mid v)$ 为除了节点 s 和节点 t 以外的节点 v 的数量。如果 $s = t$，则 $\sigma(s, t) = 1$；如果 $v \in s, t$，则 $\sigma(s, t \mid v) = 0$。

边介数中心性是通过计算图中每条边在最短路径上出现的次数来衡量边作为关键连接点的能力。具体而言，边介数中心性是通过计算每条边在所有最短路径中的出现次数来度量该边的介数中心性。边介数中心性衡量的是边的重要性，即边在连接不同节点之间的路径中充当了多少关键连接点的角色，计算公式如下

$$C_B(e) = \sum_{s,t \in V} \frac{\sigma(s,t \mid e)}{\sigma(s,t)}$$

式中：V 为节点的集合；$\sigma(s, t)$ 为最短路径 (s, t) 的个数；$\sigma(s, t \mid e)$ 为路径通过边 e 的数目。

计算介数中心性需要对图进行全对全的最短路径计算，因此对于大型图来说，计算成本可能较高，在实际应用中，可以使用一些近似算法或优化技术来加速计算过程。介数中心性可以帮助我们发现在网络中起到关键桥梁作用的节点或边，可以用于识别社交网络中的信息

传播节点、交通网络中的关键路段等，通过分析介数中心性，可以有针对性地改善网络结构、优化路径规划或识别潜在问题。

（4）特征向量中心性（Eigenvector Centrality）。特征向量中心性是基于节点的连接对象质量和数量来衡量节点重要性的方法，一个节点的特征向量中心性是其所有相邻节点特征向量中心性之和的加权平均值，节点连接的邻居的重要性越高，该节点的特征向量中心性越高。该指标最初由 Phillip Bonacich 在 1972 年提出，基于矩阵代数的概念，包括了节点与其邻居节点之间的关系和网络中的全局结构信息。

特征向量中心性的计算方法是通过求解特征向量来表示每个节点的重要性，其中特征向量是由左特征向量方程所得到的，该方程满足以下形式

$$\lambda x^{\mathrm{T}} = x^{\mathrm{T}} A$$

式中：A 为网络的邻接矩阵；x^T 为每个节点的特征值在内的向量；λ 为特征值。在该方程中，λ 可以是正的或零，但不可能为负数。

特征向量中心性的计算方法是通过求解特征向量，其中每个节点在特征向量中的分量表示该节点的中心性指标。具体而言，节点的中心性是由邻居节点的中心性指标加权累加而成，权重由邻居节点的特征向量中心性和它们之间的关联强度共同确定。因此，特征向量中心性反映了一个节点与其他节点之间的相互依赖性。

从计算方式来看，特征向量中心性与 PageRank 算法类似，PageRank 算法是计算网络中网页的重要性和排名的一种算法，也是通过迭代计算特征向量来实现；不同之处在于，PageRank 算法中的迭代计算使用了下一个时间步中的权重因子，而特征向量中心性指标则使用了邻居节点的初始权重因子；因此特征向量中心性的计算只需要一次矩阵求解过程。

特征向量中心性的应用广泛，例如在社会网络、交通网络、生物网络等领域中，可以用于分析节点在网络中的影响力或重要性，并针对结果进行相应的优化和改进。

通过以上方法，可以识别和测量网络中的枢纽节点，并深入理解网络的结构、功能以及信息传播过程。

为了说明这一点，通过图 6-1 中随机网络与无标度网络进行对比分析，如果以节点大小刻画其度值，可以看出无标度网络中大量小度节点和少量拥有很多链接的枢纽节点共存。

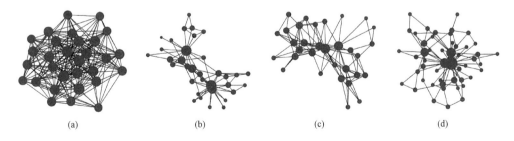

(a)　　　　　　　(b)　　　　　　　(c)　　　　　　　(d)

图 6-1　一些网络中的枢纽节点

（a）随机网络；（b）空手道俱乐部；（c）戴维斯南方妇女社交网络；（d）BA 无标度网络

6.3   无标度网络的度分布

6.3.1   幂率分布现象

正态分布描述的是这样一种数学关系，即一个随机变量的取值在其均值附近的概率较大，而在其均值远处的概率较小。正态分布的概率密度函数呈现出一种优美的钟形曲线，它的形状由均值和标准差两个参数决定，均值决定了曲线的中心位置，标准差决定了曲线的宽度。正态分布在自然界和社会现象中应用广泛，例如人类的身高、体重、智商等都可以近似地看作服从正态分布，概率密度函数为

$$f(x) = \frac{1}{\sqrt{2\pi}\sigma}\exp\left[\frac{-(x-\mu)^2}{2\sigma^2}\right)$$

$$f(x) = \frac{1}{\sqrt{2\pi}\sigma}\exp\left[\frac{-(x-\mu)^2}{2\sigma^2}\right)$$

式中：μ 为均值（即分布的中心）；σ 为标准差（决定分布的形状和幅度）；exp 为自然常数。

公式描述了正态分布曲线上不同点的概率密度，可以用来计算给定自变量 x 处的概率密度值。概率密度分布曲线是一个钟形曲线，曲线的中心位于均值 μ 处，标准差 σ 决定了曲线的形状和离散程度。在正态分布中，68.26% 的观测值落在均值加减 1 个标准差内，95.44% 的观测值落在均值加减 2 个标准差内，99.73% 的观测值落在均值加减 3 个标准差内。

如图 6-2 所示给出了三个均值相同，标准差分别为 0.5，1，2 的图像，通过图像可知当标准差较小时，正态分布图像会更加集中，曲线会更陡峭；而当标准差较大时，正态分布图像会更加分散，曲线会更平坦。

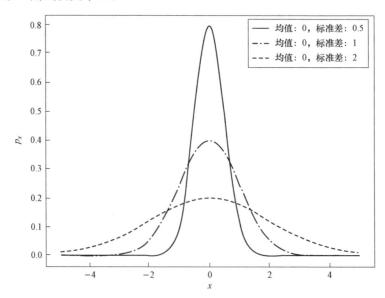

图 6-2   标准正态分布概率密度函数图像

而幂律定则（幂律）是自然界另一种常见的数学关系，它描述的是一个量随另一个量的

幂而变化的函数关系。幂律表现出一种标度不变性的特征，即系统中个体的尺度相差悬殊，缺乏一个优选的规模。幂律分布的概率密度函数为

$$f(x) = cx^{-\alpha}$$

式中：c 为归一化常数，确保概率密度函数的积分等于 1；x 为随机变量的取值；α 为幂律指数，通常大于 0。

幂律分布的概率密度函数表示了随机变量在不同取值上的分布情况，该函数的特点是随着 x 的增大而递减，递减的速率是由指数 α 决定，当 α 的值越大，概率密度函数下降得越慢（如图 6-3 所示）。幂律分布在较大的取值范围内具有重尾特性，此时概率密度函数下降较慢。

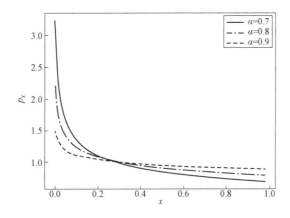

图 6-3　不同 α 取值下概率密度函数的变化

幂律分布在物理学、地理学、生物学、社会学、经济学等众多领域中都有着广泛的应用，例如地震规模、月坑直径、城市人口、个人收入、单词频率、网页点击率等都呈现出典型的幂律分布，为此，下面将通过几个详细的例子来介绍幂律分布。

古登堡－里赫特定律是地震学中的一个定律，由地震学家宾诺·古登堡（Beno Gutenberg）和查尔斯·弗朗西斯·里赫特（Charles Francis Richter）于 1956 年提出，表示震级与某一地区大于等于该震级的地震数量之间的关系，该定律的表达式为

$$\log_{10} N = a - b * M$$

式中：N 为震级大于等于 M 的地震数量；a 和 b 为常数，通常 b 的值在 0.8 到 1.2 之间。公式说明随着震级的增加，地震的频率呈指数下降，例如 $b=1$，那么 8 级地震的概率是 7 级地震的 1/10，6 级地震的 1/100，5 级地震的 1/1000，以此类推，也就是说每增加一级震级，地震的概率就减少 10 倍。

地球上现存物种只占所有在地球上存在过物种数量的 0.02%，绝大多数物种都在生物演化的过程中灭绝了，谈到灭绝，很容易让人想起五次生物大灭绝。据生物学专家估计，生物历史中曾出现过约 10 亿种生物，而只有几千万种存留至今［Alroy, J.（2018）］。灭绝是演化史的自然结果，正如有些人曾说："粗略算来，所有生物都灭绝了。"但事实上，只有 35% 的生物死于集群灭绝，不起眼的"背景"灭绝则造成了约 2/3 的生物灭绝。生物灭绝的规律完全等同于地震规律，若灭绝规模增加 1 倍，其发生频率便会降为 1/4［Stork, N. E.（2018）］，这种幂定律对于从只涉及几科的小型灭绝到上千科的大灭绝均适用。

战争规模也可以用幂律分布来描述，根据历史数据，从公元前1500年到2003年，世界各地发生338次冲突（或战争）的死亡人数可以用幂律分布来拟合。这意味着大多数战争的规模都很小，只有少数战争的规模非常大，例如一次战争造成的死亡人数达到或超过第一次世界大战（约2000万人）的概率为1.1%，而达到或超过第二次世界大战（约6000万人）的概率为0.3%。

幂律分布还可用来描述财富规模和频率之间的关系，即财富越大的人越少，财富越小的人越多。这种分布反映了社会中的不平等现象，也被称为二八法则、马太效应等。例如，根据《2021胡润全球富豪榜》公布的数据，全球有2095位财富超过10亿美元的富豪，他们的总财富达到了95万亿美元，而当年全球成年人口的总财富才418.3万亿美元，在对数坐标系中，这就是幂律分布的特征，财富规模和频率之间呈现出一条直线的关系，也就是说财富规模每增加1倍，拥有这个财富规模的人数就减少一定的比例。

6.3.2 网络科学中的幂律分布

离散形式下的幂率分布，由于节点的度是正整数，$k=0，1，2，\cdots$；因此表示一个节点正好有 k 个链接的概率 p_k 可用如下表达式

$$p_k = Ck^{-\gamma}$$

常数 C 由归一化条件来确定，

$$\sum_{k=1}^{\infty} p_k = 1$$

即，

$$C\sum_{k=1}^{\infty} k^{-\gamma} = 1$$

因此，

$$C = \frac{1}{\sum\limits_{k=1}^{\infty} k^{-\gamma}}$$

令 $\zeta(\gamma) = \sum\limits_{k=1}^{\infty} k^{-\gamma}$，则对于任意 $k>0$，幂律分布的离散形式为，

$$p_k = \frac{k^{-\gamma}}{\zeta(\gamma)}$$

连续形式下的幂率分布，在进行解析计算时，通常会假设度可以是任意正实数，因此可以把幂律度分布写成如下表达式

$$p(k) = Ck^{-\gamma}$$

使用归一化条件，

$$\int_{k_{\min}}^{\infty} p(k)\mathrm{d}k = 1$$

可以得到，

$$C = \frac{1}{\int_{k_{\min}}^{\infty} k^{-\gamma}\mathrm{d}k} = (\gamma-1)k_{\min}^{\gamma-1}$$

当 $\gamma>1$ 时，幂率分布的连续形式为

$$p(k) = (\gamma-1)k_{\min}^{\gamma-1} k^{-\gamma}$$

另外，需要注意的是离散形式中的 $p(k)$ 有明确含义，即随机选择的节点其度为 k 的概率。相比之下，连续形式中某一点的 $p(k)$ 始终为 0，只有某一段的积分才有物理意义，即随机选择的节点其度介于 k_1 和 k_2 之间的概率为 $\int_{k_1}^{k_2} p(k)\mathrm{d}k$。

【例 6-1】 以因特网为例，每个路由器代表一个节点，边则代表边路由器之间相连接的光纤。这里统计了济南市某地 2000 个路由器节点中前 50 个节点的连接情况（如图 6-4 所示）。

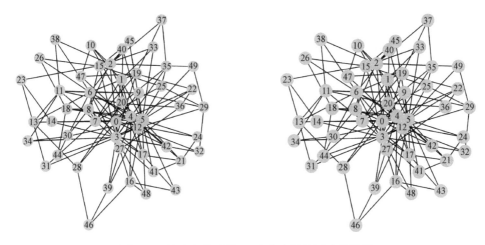

图 6-4 济南市某地前 50 个节点因特网连接情况

在图中存在一些重要节点，比如大型搜索引擎、社交媒体平台等，这些节点拥有大量的连接，如图中的 3、4、5 号节点，而绝大多数的节点只有很少的连接，这种情况下，节点度数的分布就呈现出幂律特征。这种幂律分布的特征使得因特网具有鲁棒性和可靠性，即使某些关键节点失效或被破坏，网络仍然能够保持连通性。如图 6-5 所示给出了 2000 个路由器连接情况的度分布，以及通过对数换算后拟合出的线性图。

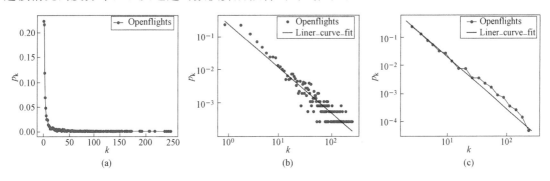

图 6-5 路由器连接度分布及不同坐标轴下的拟合分布曲线

利用幂律分布来描述因特网节点度分布，可以更好地理解并预测因特网中节点的连接情况。同时，这种分布特征也对网络传播、病毒传播等现象产生重要影响。因此，深入研究幂律分布在因特网中的应用，可以为网络设计和优化提供重要的参考依据。

【例 6-2】 以美国高速公路路网为例，其中节点为城市，连边则表示两个城市之间的高速公路，通常情况下一个拥有上百条高速公路的城市是不存在的，但基本上也不会出现没有高速公路的城市，属于随机网络现象，如图 6-6 所示。

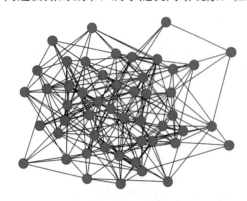

图 6-6 美国高速公路路网示意图

总结起来，无标度网络中的枢纽节点具有非常高的度，对网络的功能和鲁棒性至关重要；而随机网络中的节点度相对均衡，没有明显的枢纽节点。

6.3.3 无标度网络的讨论

无标度网络中枢纽节点的出现，引发了一个有趣的问题，枢纽节点会影响小世界性质吗？根据上述内容，枢纽节点的确会影响小世界性质，网络运营商正是通过建造枢纽节点来减少路由器间转换次数，计算结果也支持上述预期。同等条件下，无标度网络中节点间的平均距离比随机网络中节点间的平均距离要小。

平均距离 $\bar{d}$ 对系统大小和度指数 γ 的依赖可以表述为：

$$
\bar{d} \sim
\begin{cases}
\text{const} & \gamma = 2 \\
\ln\ln N & 2 < \gamma < 3 \\
\dfrac{\ln N}{\ln\ln N} & \gamma = 3 \\
\ln N & \gamma > 3
\end{cases}
$$

对于无标度网络中和 γ 相关的性质，主要可以分五种情形来讨论，如表 6-1 所示。

表 6-1 γ 的相关性质

γ 范围	网络	$\bar{k}$ 的性质	$\bar{k^2}$ 的性质	$\bar{d}$ 的性质	网络性质	k_{max} 性质
$\gamma < 2$	不存在	$\bar{k}$ 发散	$\bar{k^2}$ 发散	$\bar{d} \sim \text{const}$		
$\gamma = 2$				$\bar{d} \sim \text{const}$		$k_{max} \sim N$
$2 < \gamma < 3$	无标度	$\bar{k}$ 有限	$\bar{k^2}$ 发散	$\bar{d} \sim \ln\ln N$	超小世界	$k_{max} \sim N^{\frac{1}{\gamma-1}}$
$\gamma = 3$	BA 网络			$\bar{d} \sim \dfrac{\ln N}{\ln\ln N}$		
$\gamma > 3$	随机网络	$\bar{k}$ 有限	$\bar{k^2}$ 有限	$\bar{d} \sim \dfrac{\ln N}{\ln \bar{k}}$	小世界	
	无标度					

其中无标度情形主要包括万维网（出度）、电子邮件网络（出度）、演员网络、万维网（入度）、代谢网络（入度）、蛋白质互相作用网络（入度）和代谢网络（出度）等等。随机情形主要包括科学家引文网（入度）、科学家合作网、互联网和电子邮件网络（入度）等等。无标度网络的性质与度指数 γ 密切相关。理论上讲，最有意义的情形是 $2 < \gamma < 3$，此时 $\bar{k^2}$ 发散，使得无标度网络平均距离小。有趣的是许多具有实际价值的网络，例如万维网和蛋白质相互作用网络都对应着这个情形。

6.4　BA 无标度网络

6.4.1　BA 无标度网络的发现

BA 无标度网络模型是由物理学家 Albert - László Barabási 和他的博士生 Réka Albert 在 1999 年提出，用于解释现实世界中复杂网络的某些性质。他们的研究发现，在很多真实的网络中，如万维网、社交网络和生物网络，节点的度分布不同于随机网络，呈现以平均值为中心的正态分布，而是基本上遵循一个无标度的幂律分布。

Barabási 和 Albert 发现这些网络中的少数节点具有相当多的链接，而大部分节点只有少数链接，形成所谓的"富人俱乐部"。他们认为这是因为网络的增长，使得网络的规模不断扩大；不断扩大的网络规模是和新的节点优先连接更倾向于与那些具有较高度的"大"节点相连接。两大原则推动了这种网络的形成，因此提出了 BA 无标度网络模型。

在这两个基本假定的基础上，网络必然最终发展成无标度网络，即 BA 无标度网络模型。基于网络的增长和优先连接特征，BA 无标度网络模型的构造算法具体过程如下。

初始阶段：开始的时候有一个包含 m 个节点的小型网络，其中 m 至少为 2。这个初始网络可以是任意的，只要它是连通的（任意两个节点都有路径可达）。

增长：从一个具有 n 个节点的网络开始，每次引入 1 个新的节点，与 m 个已存在的节点相连，其中 $m \leqslant n$。

优先连接：新节点与哪些已有节点建立联系是按照优先附着原则确定的。换句话说，网络中度大的节点更可能被新加入的节点选中，即节点与已经存在的节点 v_i 相连接的概率 Π_i 与节点 v_i 的度 k_i 成正比

$$\Pi_i = \frac{k_i}{\sum\limits_j k_j}$$

新节点在经过 t 步后，产生一个有 $N = t + n$ 个节点，mt 条边的网络。这样，网络中的节点度就会出现"越来越丰富"的现象，即度大的节点越来越可能吸引更多的新节点与其连接，因此网络中会出现少数的超级节点，这些节点有着远超过其他节点的连接数。

以上就是基于 BA 模型的无标度网络的生成过程，这个模型为理解和分析复杂网络提供了一种有用的工具，因为很多实际的网络，如社交网络、生物网络和互联网都显示出无标度的特性。

如图 6-7 所示，举例说明了当 $m = 2$，$n = 2$ 时的 BA 网络演化过程，初始网络有 3 个节点，每次新增加的一个节点，按优先连接机制与网络中已经存在的 2 个节点相连的演化结果。

此模型的一个重要洞察是大多数现实世界的网络无标度，即它们的度分布遵循幂律分布。此类分布的网络具有许多有少量连接的节点和一些"集线器（hub）"节点，后者具有相当高的度。这种网络的一个重要特性是健壮性，也就是说如果随机删除网络中的节点，大部分网络的连接性都能很好地保持；但是如果删除了那些集线器节点，那么网络可能会被破坏，形成许多孤立的部分。

6.4.2　BA 无标度网络的度动力学

根据增长性和择优选择，网络将最终演化成一个标度不变的状态，即网络的度分布不随

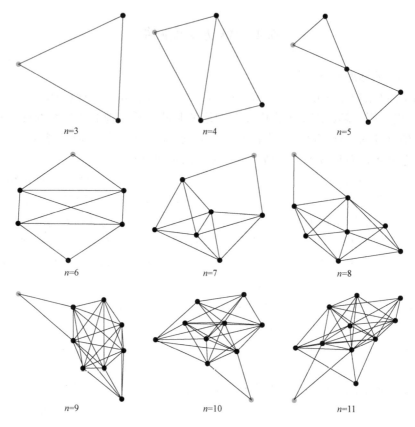

$n=3$　　$n=4$　　$n=5$

$n=6$　　$n=7$　　$n=8$

$n=9$　　$n=10$　　$n=11$

图 6 - 7　BA 网络演化过程

时间而改变，同样也就是不随网络节点数 N 而改变，计算可得到度值为 k 的节点的概率正比于幂次项 k^{-3}，下面对该结论作适当证明。

在 BA 模型中，从网络中某一节点 v_i 的度值 k_i 随时间变化的角度出发，假设其度值连续，有如下方程

$$\frac{\partial k_i}{\partial t} = m \Pi_i = m \frac{k_i}{\sum_j k_j}$$

由于每一时间步长加入 m 条边，即网络总度值增加 $2m$，于是第 t 步的总度值为

$$\sum_j k_j = 2mt$$

将 $\sum_j k_j = 2mt$ 代入 $\frac{\partial k_i}{\partial t} = m \Pi_i = m \frac{k_i}{\sum_j k_j}$ 中，可以得到

$$\frac{\partial k_i}{\partial t} = \frac{k_i}{2t}$$

解方程得

$$\ln k_i(t) = C + \ln t^{\frac{1}{2}}$$

由初始条件，节点 v_i 在时刻 t_i 以 $k_i(t_i) = m$ 加入系统中，可以得到

$$C = \ln_{t_i} \frac{m}{1/2}$$

因此，将 $C=\ln_{t_i}\dfrac{m}{1/2}$ 代入 $\ln k_i(t)=C+\ln t^{\frac{1}{2}}$ 可得

$$k_i(t)=m\left(\frac{t}{t_i}\right)^{\frac{1}{2}}$$

由 $k_i(t)=m\left(\dfrac{t}{t_i}\right)^{\frac{1}{2}}$ 可以得到节点连接度 $k_i(t_i)$ 小于某定值 k 的概率为

$$(k_i(t)<k)=P\left(t_i>\frac{m^2 t}{k^2}\right)$$

假设等时间间隔地向网络中增加节点，则 t_i 值就有一个常数概率密度

$$P_i(t_i)=\frac{1}{m_0+t}$$

由 $P(k_i(t)<k)=P\left(t_i>\dfrac{m^2 t}{k^2}\right)$ 和 $P_i(t_i)=\dfrac{1}{m_0+t}$ 可以得到

$$P\left(t_i>\frac{m^2 t}{k^2}\right)=1-P\left(t_i\leqslant\frac{m^2 t}{k^2}\right)=1-\sum_{t_i=1}^{\frac{m^2 t}{k^2}}P(t_i)=1-\frac{m^2 t}{k^2(m_0+t)}$$

所以度值的分布 $P(k)$ 为

$$P(k)=\frac{\partial P\left(t_i>\dfrac{m^2 t}{k^2}\right)}{\partial k}=\frac{2\,m^2 t}{m_0+t}\times\frac{1}{k^3}$$

当 $t\rightarrow\infty$ 时，$P(k)=2\,m^2\dfrac{1}{k^3}$，完全符合幂律分布，结合前面相关理论可得，BA 无标度网络的度分布满足

$$P(k)\approx 2m^{\frac{1}{\beta}}k^{-\gamma}$$

其中，

$$\gamma=\frac{1}{\beta}+1=3$$

如图 6-8 所示，在统一尺寸下，当 m 取不同的值对应的无标度网络，它们的度分布可以近似认为是平行的。由此可知，当 m 取不同时，无标度网络具有标度不变性，也就是其 γ 的值不会随着 m 的值变化，无标度网络的度分布有着很好的幂律效果。当改变其网络节点个数而保持 m 不变的情况下，度分布曲线几乎重叠在一起，说明 BA 无标度网络不会随着节点数目的增大而有太大变化。

如果 BA 无标度网络模型的生长或偏好连接两个属性缺失，网络的特性将会有所改变。在没有生长性的情况下，即新的节点不能加入网络，那么网络的规模会保持不变，此时的网络可能会成为一个封闭的系统，不再具备不断扩展规模的动态性。在没有"偏好连接"的情况下，新的节点将随机地与已有的节点建立连接，而不是优选度数较大的节点，这可能导致网络的度分布不再符合幂律分布，也就是说网络将不再具有无标度特性（如图 6-9 所示），进而可能会影响网络的稳定性和弹性等特性，比如网络对破坏的抵抗能力可能会降低。

6.4.3 BA 无标度网络的直径和集聚系数

BA 无标度网络模型中存在许多低度节点和少数高度节点。对于 BA 网络，直径在大规

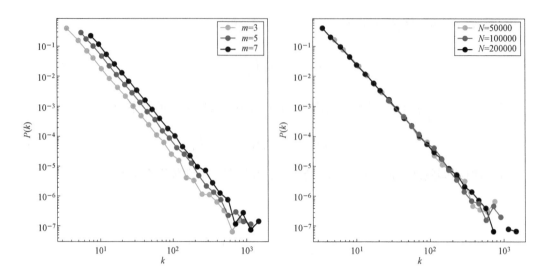

图 6-8　BA 无标度网络度动力学机制

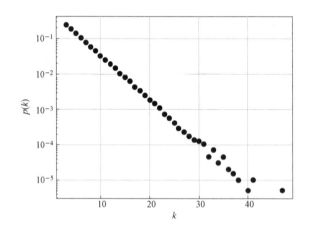

图 6-9　生长或偏好连接属性缺失后其网络的特性

模网络中通常很小，这是因为网络遵循小世界现象（也称为六度分隔现象），而在一个 BA 网络中，当 $m>1$ 而且 N 比较大时，其直径大致成对数增长，可采用如下公式计算

$$\bar{d} \sim \frac{\ln N}{\ln \ln N}$$

由上式可知，网络直径的增长要比 $\ln N$ 慢，也就是说 BA 网络的直径要比同等大小的随机网络的直径要小，当 N 较大时，这一差异更加明显，类似的网络中平均距离的情形也与之类似。

在 BA 无标度网络中集聚系数通常较低，主要是因为新增节点更有可能连接到现有的中心节点，而不是它们的邻居。对于 BA 网络，随着网络规模的增加，集聚系数通常成幂律衰减，且符合下面的表达式

$$\bar{C} = \frac{(\ln N)^2}{N}$$

因此，随着节点数的增加，网络的聚类系数会减小，也正因为 BA 网络的这些特性，使其在现实世界许多复杂网络（如社交网络、互联网）的拓扑结构中具有很强的解释力。

第七章 网络中的社团结构

7.1 社团在网络科学中的含义

Community 结构是复杂网络的一个极其重要的特性，它是复杂网络中相互紧密连接的节点群组。在具有地理属性的网络中，Community 常常被称为社区，比如中国城市连接网中的 12 个国家级城市群就是该复杂网络中的"社区"。同理，在不含地理属性的网络中，Community 常常被称为社团，如人际关系网中的同事群。为了表述方便，本书中将 Community 统称为社团，社团结构研究在社会、生物学、计算机科学及经济学等领域具有重要的意义。

如图 7-1（a）所示代表足球比赛网络，包含 80 个节点，被分为 7 个社团。这 7 个社团分别对应 7 个足球队，每个队统计了 11 个球员。每个节点代表一个球员，边代表他们在比赛中的互动，例如传球。在每个足球队内部，球员之间的互动更加频繁，与其他队伍的球员的互动较少。通过对这个网络的分析就可以了解球队之间和球队内部的传球模式，球员在传球网络中的重要性以及潜在的战术策略。

如图 7-1（b）所示代表在线互动网络，包含 80 个节点，分为 5 个社团，这些社团是不同的兴趣群组（例如电影爱好者、音乐爱好者、编程爱好者等）。节点代表了每个用户，边表示了用户之间的互动，例如评论，短信或点赞。在相同兴趣群组用户之间的互动频率较高，因为他们对相同的话题感兴趣，而与其他兴趣群组用户互动的频率较低。通过分析此类网络，可以揭示信息在网络中是如何传播的，例如一个新趋势从一个社团开始，如何影响其他社团。此外，还可以评估社团的影响力以及识别社团的行为模式和偏好，这对于社交网络服务提供者，广告商或研究人员具有很高的价值。

绘制上述两个网络，通过颜色区分不同社团，它们的结构差异可能预示着不同的互动模式和社团关系，分析这些网络结构，可以为预测、信息传播以及目标受众洞察提供建议。

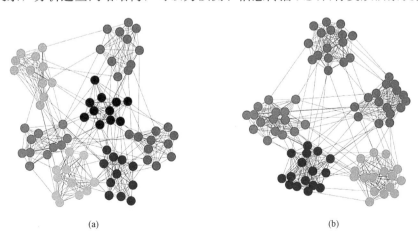

(a)   (b)

图 7-1 足球比赛网络和在线互动网络中的社团结构

不同类型的复杂网络中，社团的含义和作用各不相同。例如在社交网络中用户根据各种兴趣，活动和背景自然形成社团，如共同兴趣（如摄影爱好者）、工作关系（如同事）、亲属关系（如家庭成员）或地理位置（如居住在同一个城市的人）等。在学术网络中社团通常是基于研究领域、学术机构或专业特征而形成的。在共同作品关系网络中，合作者之间的紧密关系可能反映了共同研究领域或学术团队。在生物领域的基因相互作用网络中，基因之间的相互作用体现在不同基因及其产物在生物体中的相互影响、调控和协同的作用。互联网中各种类型的在线社团反映了人们对特定主题的共同兴趣，例如新闻、技术、运动、政治等。同时，网络上的服务器结构和拓扑亦展现了某种程度的社团结构，例如由于地理位置，业务关系或政策原因，某些服务器间有较强互联。在航空航线网络中，社团结构可以表现为航空公司之间的合作关系或联盟，航空公司常常通过合作来共享航线资源、增加航班频次，提供更多的目的地选择以及提升整体服务水平，从而满足乘客需求并增加市场竞争力，这种合作可以通过签署共享代码协议、互相提供优惠票价、实现航班协同等方式来实现。社团结构的形成有助于提高航空公司的整体效益和经济性，同时也增加了乘客的出行选择和舒适度。此外，社团结构还有助于提升航空公司的市场份额，减少竞争压力，共同面对市场变化和挑战。公司关系网络能反映出整个行业的社团结构，这些社团可能基于产品类别、市场定位、地理位置或供应链联系等。了解这些实际网络的社团结构有助于揭示隐藏在这些系统中的模式，规律和功能，并为优化和改进这些系统提供指导。

社团结构的研究有助于理解网络的组织形式，以及在网络内节点的相互联系。这不仅对于预测和解释网络中的信息传播和相互作用具有重要意义，同时还能有效降低分析的复杂性。对于庞大的复杂网络，直接分析效率低且困难，通过研究社团结构，可以将网络划分为较小的子集群体，降低问题的复杂性并简化分析过程。例如，通过研究推荐网络的社团结构，可以把具有相似兴趣或行为的个体识别和分组，实现网络的个性化推荐。通过寻找社团结构，可以揭示网络中的具有共同属性和相似性的结点组，这对于复杂网络的简化和研究有重要意义。

7.2　社团结构的分类

社团结构的分类主要基于社团与网络的隶属关系。根据社团的性质和节点的归属方式，可以将社团分为非重叠社团、重叠社团和非完全分类社团三类。

（1）非重叠社团（Non－overlapping Communities）。非重叠社团中每个节点只能属于一个社团，即社团之间没有交集，如图 7 - 2 所示，这种类型的社团结构是假设社团是相互独立，节点只能从属于其中一个社团。例如学校的学生根据其年级来划分为不同的社团，每个学生只属于特定的年级社团。

（2）重叠社团（Overlapping Communities）。重叠社团中的节点允许同时属于多个社团，如图 7 - 3 所示，这种类型的社团结构试图描绘现实世界中复杂的关系，

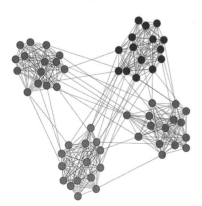

图 7 - 2　非重叠社团

允许节点具有多重社团归属。例如在社交网络中一个人可以同时属于家庭、朋友和工作三个社团，他们的社交关系存在重叠。

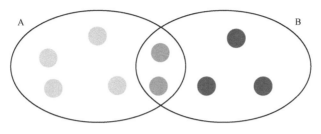

图 7 - 3　重叠社团

（3）非完全分类社团（Incomplete Classification Communities）。网络中的一些节点可能不属于任何明确的社团，它们没有明显的社团归属，如图 7 - 4 所示，这种类型的社团结构反映了网络中一些节点的边缘位置或缺乏明显的社团归属。例如在中国的城市网络中，有一些城市因为它们位于城市群之间或者相对较为孤立，无法与其他城市形成明确的城市群。

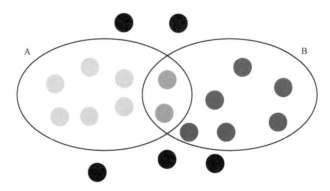

图 7 - 4　非完全分类社团

社团结构之所以能成立是建立在内部稠密，外部稀疏以及属性相似 3 个基本假设基础之上。内部稠密指在网络中一些节点之间的交互密切，形成一个相对稳定的集团；外部稀疏假设正好与社团内部密集连接相对应，社团外部的连接则相对稀疏；属性相似假设指社团的存在往往具有相同的功能和性质。这些基本假设是抽象和理想化的，不一定适用于所有类型的网络，在实际网络中可能需要考虑更多复杂的因素，如社团层次性和社团动态变化等。

7.3　社团结构的比较

强社团（Strong Community）通常指的是一个网络中的一组节点，这些节点之间的连接非常紧密，而与社团以外的节点的连接非常稀疏。更具体地说，如果社团内每个节点都直接连接到社团内的其他所有节点（即社团内的节点形成了一个完全图或者几近完全图），那么这样的社团通常被称为强社团。这种类型的社团结构在网络中通常表现出非常高的连通性和集群系数，可用公式表达为

$$k_i^{in}(v) > k_i^{out}(v)$$

式中：$k_i^{in}(v)$ 为相同社团内节点的度值；$k_i^{out}(v)$ 为不同社团之间节点的度值。

弱社团（Weak Community）与强社团相对，弱社团在内部节点之间的连通性相对较弱。一般来说，弱社团可以认为是网络中的一组节点，这些节点之间的内部连接比与社团外部的其他节点的连通性要多一些，但与强社团不同的是，它们可能并没有形成完全图或几近完全图的结构，同样可以用公式将其表达为

$$k_i^{in}(v) > k_i^{out}(v)$$

强社团和弱社团如图 7-5 所示。

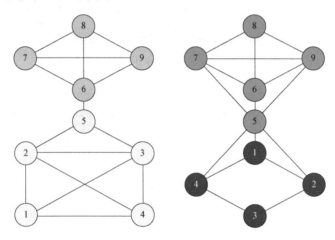

图 7-5　强社团和弱社团

7.4　社团划分算法

7.4.1　社团基准

社团基准指用来分析或评估社团划分的精度，效率及其他相关特征的一系列模型，常用的有 GN 基准（GN benchmark）和种植分区模型（Planted partitions model）。

社团基准模型可以用于测试和比较算法。复杂网络中的社团划分问题是一个具有挑战性的任务，并且没有一种通用的算法能够得到最佳解答。因此，研究人员研发了各种社团检测算法，通过将这些算法应用于社团基准模型来进行测试和比较。通过使用社团基准模型，研究人员可以评估不同算法的准确性、鲁棒性和效率，从而帮助他们选择适用于具体应用场景的最佳算法。

社团基准模型可以帮助控制噪音水平。在实际网络中，存在一些随机性和噪音，这可能会对社团检测的结果产生干扰。通过使用社团基准模型可以生成具有已知社团结构的合成网络，在这个网络中可以控制噪声水平，以便更好地理解和评估社团检测算法的性能。通过与社团基准模型进行比较，可以更好地了解算法对噪音的鲁棒性，从而提高社团检测的可靠性。

社团基准模型还可以从社团规模的角度提供帮助。社团结构在网络中通常由不同规模的社团组成，而社团的规模对社团检测算法的性能有很大影响。社团基准模型可以生成具有确定社团规模的合成网络，从而使研究人员能够评估算法在不同规模社团上的表现，从而帮助研究人员更好地理解算法的局限性和优势，并有助于设计更加通用和适应不同规模社团的

算法。

（1）GN 基准。该基准由 Girvan 和 Newman 于 2002 年提出，共包含 128 个节点，被分为 4 个社团（如图 7-6 所示）。每个社团有不同的网络密度和链接特征，每个社团有 32 个节点，每个节点度的期望为 16，z_{in} 表示节点与社团内部节点的连边数的期望值，z_{out} 表示节点与社团外部节点连边数的期望值，$z_{in}+z_{out}=16$。

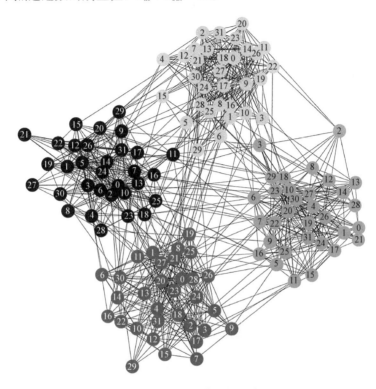

图 7-6 GN 经典人造网络

当放开 GN 基准中节点和社团数量的限制，就形成了 GGN 基准（General GN Benchmark）。

社团内节点的连边概率为 p_{in}，社团间节点的连边概率为 p_{out}，它们之间的关系可由图 7-1 表达。

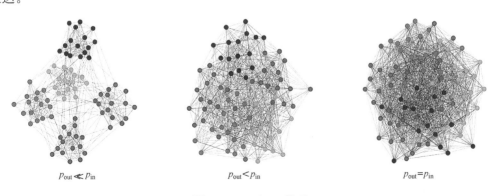

图 7-7 p_{in} 和 p_{out} 关系

（2）种植分区模型（Planted partitions model）。种植分区模型最早由 Reichardt 和 Bornholdt 在 2004 年提出。该模型通过在合成网络中生成具有高内部连通性和低外部连通性的社团来模拟现实世界中的网络组织，模型的设计使得社区检测算法能够根据已知的社区结构进行测试，以验证其准确性和鲁棒性。种植分区模型的具体生成步骤如下：

1）首先确定网络中节点的数量及其分布方式，可以选择固定节点数，也可以固定度分布规律；

2）通过创建社团分配方案将所有节点分配到所属社团中，通常形成节点数量相等的非重叠社团结构；

3）在每个社团内随机生成较多数量的边，使其内部的节点的连通性较高；

4）在每个社团间随机生成较少数量的边，使社团间的连通性较低。

如图 7-8 所示，给出了一个包含 80 个节点的种植分区模型，在这个模型中复杂网络被分为 4 个包含 20 个节点的社团，每个社团有不同的网络密度和链接特征。

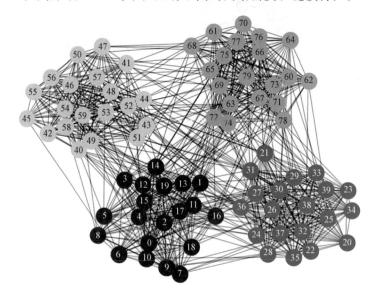

图 7-8　种植分区模型演示

7.4.2　模块度

模块度（Modularity）的概念最初由数学家尤金·维格纳（Eugene Wigner）在 20 世纪 50 年代提出，用于描述原子核的结构。在 2004 年，Mark Newman 和 Michelle Girvan 发表了一篇关于网络社团结构发现的论文，其中提出了用于衡量社区结构的模块度指标，他们将模块度引入了复杂网络的研究领域，并强调了将网络划分为社团的重要性。

模块度的概念和指标主要用于评估网络结构中节点聚类的程度，它帮助研究者理解网络中节点之间的连接模式，有助于发现网络中的隐含社团结构。随着模块度指标的引入，解决了传统聚类方法对社团结构识别的局限性，为复杂网络上的社区发现提供了一种新的量化和分析工具。

自 2004 年以来，模块度的概念逐渐成为复杂网络研究的重要组成部分，并在社交网络、生物网络、信息网络等领域得到了广泛的应用和发展。不仅如此，模块度的定义和计算方法也在不断地被改进和扩展，以适应不同类型的网络结构和不同的研究目的。模块度及其相关方法的发展为更好地理解和分析复杂网络结构提供了重要的工具和理论基础。

在复杂网络分析领域，Q 函数又称为模块度（Modularity），是用来衡量一个网络社团结构分隔度的指标。社团结构指的是网络中紧密相连的节点群体，其内部节点之间的连接密度较高，而与其他社团节点之间的连接密度较低。社团结构是复杂网络中的一个重要特征，对于理解网络的功能、传播、演化等方面具有重要意义。

假设网络已经被划分出集团结构，c_i 表示顶点 i 所属的社团，则网络中社团内部连边所占的比例可以表示为

$$\frac{\sum_{ij} A_{ij}\delta(c_i,c_j)}{\sum_{ij} a_{ij}} = \frac{1}{2m}\sum_{ij} A_{ij}\delta(C_i,C_j)$$

式中：A_{ij} 为邻接矩阵中的元素，表示节点 i 和节点 j 之间的连边数；m 为网络中的总连边数。

对应于相同的社团结构，每个顶点的度值固定，边随机连接的网络，i 和 j 两点存在连边的可能性为

$$\frac{k_i k_j}{2m}$$

由此可以得出 Q 函数表达式为

$$Q = \frac{1}{2m}\sum_{i\neq j}\left[A_{ij} - \frac{k_i k_j}{2m}\right]\delta(C_i,C_j)$$

式中：k_i 和 k_j 分别为节点 i 和节点 j 的度数；m 为网络中的总连边数，C_i 和 C_j 分别为节点 i 和节点 j 所属的社团；$\delta(C_i,C_j)$ 为一个 Kronecker delta 函数，当 C_i 等于 C_j 时为 1，否则为 0。

如果与随机连接得到的网络没有差别，说明这种社团结构不显著；Q 函数值较大时，说明网络的这种社团划分时是显著的。Q 函数的另一种等价表示方式为

$$Q = \sum_{c=1}^{n_c}\left[\frac{l_c}{m} - \left(\frac{k_c}{2m}\right)^2\right]$$

式中：n_c 为社团数量；l_c 为社团内部所包含的边数；k_c 为社团中所有节点的度之和。

Q 函数的目的是衡量网络中实际节点间连边数与在随机网络中节点间连边数的差别，以此来评估网络中社团结构的紧密程度。Q 值越大，说明社团结构越明显，也就是说网络的最优化分就是 Q 函数最大值的划分。

通过最大化模块度 Q，可以将网络划分为若干个相对独立的社团。使用模块度进行网络划分的方法包括贪婪算法、层次聚类等，这些方法都试图实现最大化模块度值的目标。

7.4.3 Girvan - Newman 算法

Girvan - Newman 算法由 Michelle Girvan 和 Mark Newman 于 2002 年提出，相关的研究发表在《Proceedings of the National Academy of Sciences of the United States of America》杂志上，该算法的提出标志着复杂网络社团结构检测领域取得了重要的进展。自提出以来，Girvan - Newman 算法已成为复杂网络分析中一个重要的工具，为社交网络、生物网络等领域的研究提供了重要的分析手段。下面介绍利用 Girvan - Newman 算法进行最优社团划分的基本步骤。

1）首先创建初始图形。GN 基准模型的初始图形是一个随机图，图中包含一定数量的

节点和随机连接的边。

2）计算边的介数（betweenness）。通过计算图中每条边的介数可以确定哪条边是网络中最"重要"的边，介数代表了边在连接节点之间的最短路径上的频率，介数高的边通常对节点之间的通信更为重要。

3）选择介数最高的边。从具有最高介数的边开始，将每个边按照介数从高到低排序。

4）移除选择的边。从排序后的列表中移除第一条边，并更新图的结构。

5）重新计算节点间的介数。在边被移除后，重新计算节点间的介数，以便更新边的重要性。

6）重复执行步骤4和步骤5，直到达到预定义的停止条件。停止条件可以是社团数量达到预设的值，或者网络中的边数下降到一个指定的阈值。

7）在停止条件满足后，根据图的当前结构划分社团。每个社团由一组节点组成，这些节点在网络中有更多的内部连边。

需要注意的是，Girvan‐Newman 算法可能会产生一些小的社团，因为在每个步骤中都会割除一条边。为了避免过度切割，可以设置一个适当的停止条件，以保证划分的合理性。总之，Girvan‐Newman 算法是一种基于边的边界介数来检测和划分社团的方法，能有效地进行最优社团划分，可以应用于各种网络和图数据集。

如图7-9所示经典人造网络为例，演示 Girvan‐Newman 算法结果，将此网络中的128个节点分别分为二个社团、三个社团和四个社团，通过折线图可以发现把128个节点分成四个社团时模块度最大。

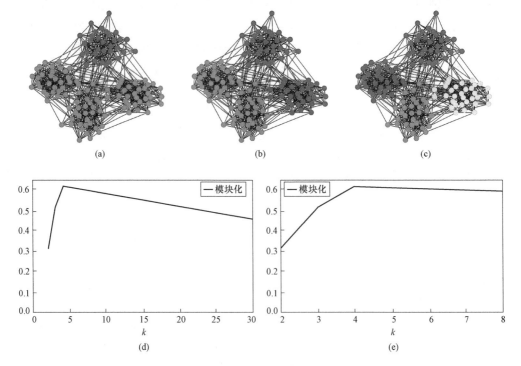

图7-9 Girvan‐Newman 算法模块度趋势

7.4.4　贪婪算法

贪婪算法最早可以追溯到公元前 300 年左右古希腊数学家欧几里得的《几何原本》，在这本著作中，欧几里得使用了一种类似于贪婪算法的方法来求解最大公约数，但是贪婪算法的具体概念和名称起源则相对较晚。

在算法领域，贪婪算法的发展历程主要集中在 20 世纪。提出贪婪算法概念的重要贡献者之一是爱德华·迪科斯特拉（Edsger W. Dijkstra），他在 1960 年代提出并应用贪婪策略来解决网络最短路径问题，被广泛用于计算机网络和路由领域。

此外，贪婪算法在 20 世纪 70 年代和 80 年代得到了更多的关注和应用，在此期间人们开始将贪婪算法应用于图论、优化问题和组合优化等领域。贪婪算法的简单性和一些特定问题上的出色表现，使得它成为了解决特定问题的常用工具。

当然，贪婪算法也面临着一些挑战和限制，例如无法保证一定能够找到全局最优解、可能得到次优解、对问题的选择敏感等。因此，研究者们在贪婪算法的基础上提出了一系列改进算法，以弥补贪婪算法的不足之处。贪婪算法的具体步骤如下：

1）首先将网络中的每个节点都作为一个单独的社团；

2）计算每一节点将它们合并到同一个社团后对模块度的增益，选择产生最大增益的节点；

3）将产生最大增益的节点对合并成一个社团；

4）根据合并节点对后的新社团结构进行模块度更新；

5）重复步骤 2～4，不断重复进行计算模块度增益、合并节点和更新模块度，直至模块度无法继续增加或达到设定的迭代次数。

简单来说，初始时将网络中每个顶点都视为一个社团，每个社团内只有一个顶点，如果网络中有 n 个顶点，则有 n 个社团；然后进行两两合并社团，并计算社团合并时所产生的 Q 值的变化量，选择使 Q 值增加最大（或者减少最小）的方式进行合并；重复合并步骤，直到所有定点都归为一个社团为止。下面以某个原始俱乐部为例，演示贪婪算法具体实现过程，如图 7 - 10 所示。

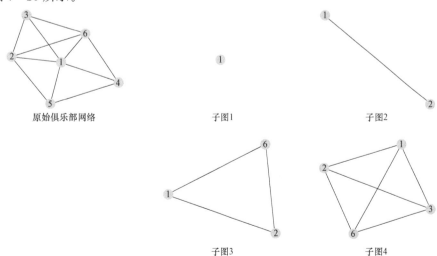

图 7 - 10　贪婪算法演示

通过上述步骤，贪婪算法将大问题简化为一系列的小问题，并认为每一步的局部最优解能导向全局最优解；但是贪婪算法不总是能得到全局的最优解，特别是在那些需要考虑整体结构的复杂网络，对于这类问题，可能需要用到一些更复杂的优化策略，比如模拟退火、遗传算法等。

7.4.5　Louvain 算法

Louvain 算法起源于 2008 年比利时天主教鲁汶大学（Université catholique de Louvain）Vincent D. Blondel、Jean‑Loup Guillaume 和 Renaud Lambiotte 等人合作的一篇论文，论文题为 "Fast unfolding of communities in large networks"，论文中提出了一种基于模块度优化的社团检测算法，也就是后来被称为 Louvain 算法的基础。

Louvain 算法的提出，得益于社交网络分析日益盛行，人们开始关注网络结构中的社团组织和社团发现问题，该算法的主要特点是高效地发现大型网络中的社团结构，尤其适用于大规模的复杂网络。

在随后的发展历程中，Louvain 算法逐渐被学术界和工业界广泛采用，并成为一种标准的社团检测算法，后续的研究者们也在 Louvain 算法的基础上进行了改进和优化，提出了许多改进版本和变种算法，以应对不同类型的网络和社团检测需求，提高算法的效率和准确性。当然，Louvain 算法在许多领域得到应用，包括社交网络分析、生物信息学、推荐系统等，对于理解和分析复杂网络结构起到了重要的作用。

Louvain 社团检测算法的目标是将网络划分成多个具有紧密联系的子组，称为社团或团体，这些社团内部节点之间的联系更为紧密，社团之间的联系相对较弱。

Louvain 算法的核心思想是通过优化模块度来划分网络，算法的基本原理是不断迭代执行两个步骤，直到模块度不再增加，具体步骤如下：

1）初始时将每个顶点当作一个社团，社团个数与顶点个数相同；

2）依次将每个顶点与之相邻顶点合并在一起，计算它们最大的模块度增益是否大于 0，如果大于 0，将该结点放入模块度增量最大的相邻结点所在社团；

3）迭代第 2 步，直至算法稳定，即所有顶点所属社团不再变化；

4）将各个社团所有节点压缩成为一个结点，社团内点的权重转化为新结点环的权重，社团间权重转化为新结点边的权重；

5）重复步骤 1～3，直至算法稳定。

如图 7‑11 所示，很好地描述了 Louvain 算法的核心思想，第一次迭代，经过模块度优化阶段，总的 modularity 值不再改变，算法将 16 个节点划分成 4 个社团；在网络凝聚阶段，4 个社团被凝聚成 4 个超级节点，并重新更新了边权重；之后就进入第二次迭代过程。

Louvain 算法的优点在于简单易实现，并且在大规模网络中通常具有较好的性能，用于发现隐藏在网络结构中的潜在模式和社团结构，算法被广泛用于社交网络分析、生物信息学、推荐系统等领域。

将一个孤立节点移动到其他社团中所获得的模块度增益可以通过如下公式计算

$$\Delta Q = \frac{k_{i,in}}{2m} - \gamma \frac{\sum_{tot} * k_i}{2m^2}$$

式中：k_i 为节点 i 在整张图中度数之和，对于有向图可以根据 ［Nicolas，D.（2015）］如下

公式计算模块度增益

$$\Delta Q = \frac{k_{i,in}}{m} - \gamma \frac{k_i^{out} * \sum_{out}^{in} + k_i^{in} * \sum_{in}^{out}}{m^2}$$

式中：i 为节点；k_i^{in} 和 k_i^{out} 分别为指向节点 i 的链接数和从节点 i 指向的链接数。

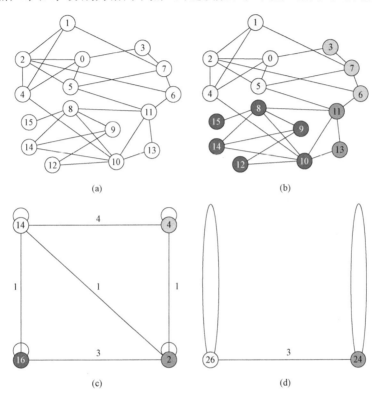

图 7-11　Louvain 算法的演化

参 考 文 献

[1] Alroy, J. Dynamics of origination and extinction in the marine fossil record. Proceedings of the National Academy of Sciences, 115 (21), 5217 - 5222.

[2] 陈永强，付钰，吴晓平．基于系统脆性图的复杂网络安全性分析 [J]．海军工程大学学报，2013，25 (03)：30 - 33.

[3] 邓宏钟，吴俊，李勇，等．复杂网络拓扑结构对系统抗毁性影响研究 [J]．系统工程与电子技术，2008，30 (12)：2425 - 2428.

[4] 方锦清，汪小帆，刘曾荣．略论复杂性问题和非线性复杂网络系统的研究 [J]．科技导报，2004，(02)：9 - 12.

[5] 方锦清．简评美国《Science》杂志关于"复杂系统与网络"专辑 [J]．复杂系统与复杂性科学，2010，7 (Z1)：53 - 62.

[6] 胡庆阳．图论与应用 [M]．北京：清华大学出版社，2019.

[7] 黄进永，冯燕宽，张三娣．复杂系统理论在复杂网络系统可靠性分析上的应用 [J]．质量与可靠性，2009，(05)：23 - 27.

[8] 刘翠芬，吕建平．图论导论 [M]．北京：人民邮电出版社，2018.

[9] 刘奇，李瑞坚．图论及其应用 [M]．北京：科学出版社，2017.

[10] 李焕贞，陈志坚．图论与应用 [M]．北京：北京大学出版社，2015.

[11] 凌怡莹，徐建华，基于人工神经网络的长江三角洲地区城市职能分类研究 [J]．规划师，2003b，19 (2)：77 - 83.

[12] 来骥，盛红雷．基于聚类分析的复杂网络链路预测性能研究 [J]．计算技术与自动化，2019，38 (04)：144 - 150.

[13] 陆宁，史玉芳，田敏．子系统对复杂网络系统可靠度的影响研究 [J]．华中科技大学学报（城市科学版），2003，(01)：34 - 37.

[14] 陆宁，马振东．复杂网络系统可靠度最优配置的MC法 [J]．基建优化，1989，(05)：26 - 34.

[15] 李振军，刘祖军，王鹏，等．基于图论的产业网络知识图谱挖掘与构建 [J]．大数据，2023，9 (06)：174 - 183.

[16] 李海林，王杰，周文浩，等．时间序列复杂网络分析中的可视图方法研究综述 [J]．电子学报，2023，51 (09)：2598 - 2622.

[17] 刘家豪．图论在数字制图中的应用 [J]．解放军测绘学院学报，1984，(00)：122 - 134.

[18] 李毓君．基于知识图谱的复杂网络研究及展望 [J]．福建电脑，2018，34 (02)：12 - 13.

[19] 林航．复杂网络上动力系统同步性能的分析与提高 [J]．网络安全技术与应用，2017，(04)：34 - 36.

[20] 毛北行，张玉霞．具有非线性耦合复杂网络系统的有限时间混沌同步 [J]．吉林大学学报（理学版），2015，53 (04)：757 - 761.

[21] Nicolas Dugué, Anthony Perez. Directed Louvain：maximizing modularity in directed n etworks [Research Report]. Université d'Orléans. 2015：hal - 01231784.

[22] Stork, N. E. How many species are there? Biodiversity conservation and th e urgency of taxonomy. Biological Conservation, 221, 100 - 107.

[23] 汪小帆，李翔，陈关荣．网络科学导论 [M]．北京：高等教育出版社，2012.

［24］王树禾. 图论（第二版）［M］. 北京：科学出版社，2009.

［25］王媛媛，袁正中，赵琛. 基于网络核心体的复杂网络控制分析［J］. 动力学与控制学报，2021，19（05）：65 - 69.

［26］王燕锋，李祖欣，全立地，等. 具有不确定转移概率的马尔科夫复杂网络的聚类同步［J］. 控制与决策，2018，33（04）：741 - 748.

［27］吴简彤，王建华. 神经网络技术及其应用［M］. 哈尔滨：哈尔滨工程大学出版社，1998.

［28］闻新，周露，王丹力，等. MATLAB——神经网络应用设计［M］. 北京：科学出版社，2001.

［29］徐俊明. 图论及其应用（第四版）［M］. 北京：中国科学技术大学出版社，2019.

［30］徐建华. 计量地理学［M］. 北京：高等教育出版社，2006.

［31］徐建华. 计量地理学［M］.2 版. 北京：高等教育出版社，2014.

［32］郑卫平. 图论与网络优化［M］. 北京：高等教育出版社，2016.

［33］赵帆，柳顺义. 图论方法在行列式计算中的应用［J］. 大学数学，2023，39（04）：91 - 97.

［34］张国珍，王大进. 美国蒙特克莱尔州立大学图论教学特点研究及启示［J］. 高教学刊，2024，10（03）：121 - 124.

［35］周漩，杨帆，张凤鸣，等. 复杂网络系统拓扑连接优化控制方法［J］. 物理学报，2013，62（15）：9 -15.